一日三餐

2

瑞精靈 & 車珠媽 的超好吃料理，美味更升級！

中文版序

連我也忍不住口水直流的一日三餐！

　　在繁忙的城市職場生活中，我總渴望能暫時逃往鄉下，度過一段什麼都不做、什麼都不想，只抱著漫畫書、睡午覺、悠閒吃著三餐的時光。為了滿足自己，我企劃製作了《一日三餐》，藉由節目，實現自己夢寐以求的自給自足有機農生活。

　　《一日三餐》節目推出的第一本食譜書，獲得許多因節目而興起料理欲望的讀者喜愛，在第二本食譜中，收錄了更多樣的韓式、中式，甚至西式、甜點等料理，這當然歸功於固定成員在節目拍攝過程中，料理實力變得越來越好，各集嘉賓們也都使出渾身解數，利用有限的當地食材做出豐富料理，連我看了也忍不住口水直流。

　　本書將詳盡解說節目中每道料理的製作過程，讓各位能夠重溫當時的感動。《一日三餐》中的料理或許不是那麼華麗，卻真材實料、樸實美味，充滿人情的溫度。希望各位不只從旌善和晚才島的淳樸生活中得到療癒，更能利用本書，親手嘗試做料理，相信你一定能從中體會到美味的力量，有多麼強大！

《一日三餐》製作人 羅暎錫 PD

PROLOGUE

《一日三餐》美食特企第 2 彈來囉！

　　tvN 的人氣實境綜藝節目《一日三餐》，裡面沒有料理技巧超群的主廚，也沒有嘴刁的美食家，更沒有裝滿高級食材的冰箱，卻仍在眾多料理節目中脫穎而出。這是因為《一日三餐》裡出現的簡樸料理，傳遞出平凡的幸福滋味，牢牢抓住了觀眾的心。以平易近人的方式介紹天天吃也不會膩的家常菜，這些料理誰都有辦法輕鬆完成，隨著播出第二季、第三季，人氣依舊不墜，反而越來越受歡迎。

　　節目中，主人與來賓料理時難免也會犯點小失誤，透過這手忙腳亂的過程逐漸累積料理的實力，甚至漸漸愛上了烹飪，相信大家看著這樣的《一日三餐》，嘴角一定也會忍不住泛起微笑吧？甚至也藉此感受到，能和家人或朋友坐在一起愉快地吃頓美味的餐點，這樣平凡的日常生活居然是如此幸福的一件事。

　　「2千元幸福餐桌」一直以來都站在讀者的角度，致力於研究實用、簡單的料理，我們也和大家一樣，一邊看著《一日三餐》一邊為節目中的料理垂涎欲滴。為了幫助大家能夠實際將這些料理化為真實，每集節目播出後，就會立即搜尋網路關鍵字，掌握大家最關注的料理，收錄集結成這本書。更特別將節目中的料理仔細研究、測試，詳細說明在節目中無法解釋清楚的食材份量，補足播出時被省略的製作過程等，甚至還提供能讓料理更美味的小祕訣，希望大家能跟著這本書，一起做出美味豐盛的料理。

CONTENTS

CHAPTER 3

華麗再升級的漁夫美味
晚才島篇

食譜使用方法，請你跟我這樣讀！

STEP 1

由「2千元幸福餐桌」
實際嘗試的完整《一日三餐》食譜

★用「+Cooking Tip」減少料理失誤

書中的每個料理過程都特別加上說明或能使料理更美味的祕訣，讓讀者能零失誤地完成料理。節目中也有一些失誤或不夠完美之處，都可以參考「+Cooking Tip」，幫助大家在料理時減少出錯。

★所有料理都用湯匙和紙杯計量

在料理過程中，每次都要拿出計量器具計算份量是相當不便的事。其實，即使不用道具也能輕鬆做出美味料理。本書使用的計量法，請參照 **P22**。

| STEP 2 | 善用替代食材，都市人也能享受《一日三餐》的農村美味 |

★節目中的料理美味再升級

本書收錄了旌善篇與晚才島篇第二季中的許多料理。但看節目時，難免會有沒說清楚的食材份量以及省略的料理過程，光看電視實在難以跟著做出料理。因此「2千元幸福餐桌」將節目食譜一一考證檢驗，完整補充在書中。

| STEP 3 | 一定要學會的簡單烘焙法 |

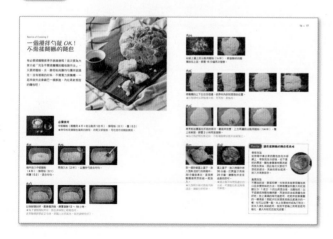

對很多人來說，烘焙比烹飪還難。不過看著節目裡的來賓吃得津津有味，還是會想跟著做做看。為了讓大家在家裡也能輕鬆體驗烘焙的樂趣，書中特別介紹了「烤箱料理」與「不需揉麵糰的麵包」。針對料理初學者好奇與困擾的部分，也有簡單明瞭的說明，讓你輕鬆料理無負擔！

CHAPTER 1

忙碌的你也能輕鬆料理一日三餐

基礎篇

Basics of Cooking 1

超簡單烤箱料理

在第二季的旌善篇中，有很多用烤爐完成的料理，從麵包到烤雞，應有盡有。
如果我們也想在家中廚房享受像節目中那樣，
把食材放進去就能烤得金黃又香噴噴的話，不妨把塵封在儲藏室的烤箱拿出來吧！
雖然烤箱料理感覺困難又複雜，但其實料理時間很短，
只要設定好溫度、放入食材就能輕鬆完成，即使是初學者也能輕鬆搞定。
首先，就讓我們來了解一下烤箱吧！

烤箱的種類

開始使用前，最好先確認一下我們的烤箱。
隨著烤箱加熱方式不同，可分成瓦斯烤箱和電烤箱。

瓦斯烤箱

以瓦斯加熱，使內部溫度提升的烤箱。很多瓦斯爐下有附設瓦斯烤箱設備。

特性 因為內部寬闊，使用前要先預熱15～20分鐘。由於主要是依靠下方的瓦斯火加熱，容易受熱不均勻，導致食物熟度不一。為了防止底部燒焦，可在下方墊一個烤盤。

電烤箱

利用電力加熱的烤箱。

特性 體積比瓦斯烤箱小,較不易引發火災,多為家庭用。

・**旋風式烤箱**：電烤箱的一種,內部有能使熱度循環的轉盤。
雖然能快速料理食物,不過在料理過程中水分蒸發快,食物外皮容易變硬,因此料理魚、肉類時,最好以加熱用鋁箔紙包覆。

・**電波烤箱**：電烤箱的一種,使用遠紅外線加熱。
可能快速讓食物內外一起變熟且不喪失食物美味。電波烤箱還能利用蒸氣降低食物的鹽分與卡路里,同時保留食物的水分與營養。

何謂預熱？

預熱是讓食物美味的的必要條件！
預熱指在正式料理前,先將烤箱調整到想要的熱度。就像使用平底鍋也要預熱一樣,烤箱預熱後,能讓食物的顏色與味道更好。一般預熱時間約 10 分鐘。

使用方法

每個烤箱的加熱線設置都不同,將食物放在靠近加熱線的位置時顏色會較深,也容易燒焦,因此在烹飪時間超過 7 成時,記得轉換一下烤盤方向。
另外要特別注意,若在料理途中反覆打開烤箱門,會讓內部溫度降低,食物不易煮熟。

可以放進烤箱中的容器

烤箱就像微波爐,不是所有容器都能放進去,必須選擇能夠加熱的容器。

可使用

| 耐熱玻璃 | 瓷器 | 金屬容器 | 加熱用鋁箔 | 烹飪紙 |

不可使用

| 一般玻璃 | 木製容器 | 保鮮膜 | 塑膠袋 |

一個攪拌勺就 OK！不需揉麵糰的麵包

有必要揉麵糰揉得手腕痠痛嗎？這次要為大家介紹「完全不需揉麵糰的麵包製作法」，只要將麵粉、水、酵母粉與鹽均勻攪拌就搞定！沒有複雜的材料，不需賣力揉麵糰，一起來做外皮像鍋巴一樣酥脆、內在柔軟香甜的麵包吧！

必備食材

中筋麵粉（麵糰用 4 杯＋防沾黏用 ½ 杯）、酵母粉（0.1）、鹽（0.3）

★酵母粉是讓麵包蓬鬆的酵母，坊間又稱發粉，可在超市或網路購買。

#01

碗中放入中筋麵粉（4杯）、酵母粉（0.1）和鹽（0.3），混合均勻。

#02

再倒入水（2杯），以攪拌勺混合均勻。

#03

以保鮮膜封好，戳幾個洞後，靜置發酵 12 ～ 18 小時，

★為了讓麵糰能呼吸，要在保鮮膜上戳幾個洞。

直到麵糰膨脹成 2 倍後，麵糰上出現氣泡，就是發酵完成了。

#04

砧板上灑上防沾黏用麵粉（¼ 杯），將發酵好的麵糰放在上面，靜置 15 分鐘再次發酵。

#05

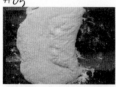   

將麵糰的上下左右四個邊，依序向內折到預想的位置。
★折麵糰時如果麵糰太黏，可再撒一點麵粉。

#06

將烹飪紙覆蓋在折起的部分，翻過來放置，上方再灑防沾黏用麵粉（¼ 杯），覆上保鮮膜，靜置 2 小時再度發酵。
★防沾黏的麵粉要足夠，不要讓麵糰沾黏到保鮮膜上。

#07

取一個砂鍋蓋上蓋子，放入預熱 220℃的烤箱中，30 分鐘後拿出，直接將麵糰連同烹飪紙一起放入。
★先預熱砂鍋可提高內部溫度，讓麵包更鬆軟。

#08

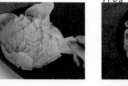

蓋上蓋子，放入烤箱中烤30 分鐘，打開蓋子再烤25 分鐘，讓麵包外皮呈金黃色即可。
★蓋上蓋子時裡面產生的水氣，可讓麵包表皮烤得更酥脆。

Plus tip　讓免揉麵糰的麵包更美味

保存方法
從烤箱中拿出來的麵包放在冷卻網上，等到完全冷卻後，切下要吃的厚度。麵包會隨著時間流逝而喪失美味，因此每次只要切下想吃的部分，其餘的密封起來、放入冷凍庫保存。

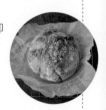

食用方法
不需加奶油、雞蛋和糖，也有很多能享受麵包爽口且美味的方法。可將橄欖油和義大利紅酒醋以3：1 或 2：1 的比例混合後，沾麵包吃；以平底鍋或烤麵包機烤酥，再塗抹奶油或果醬也很好吃；放上滿滿瑞達起司，吃起來就像餐廳的一樣高級！搭配沙拉與湯更是飽足感滿分的一餐；也可以切薄一點，夾上各種食材成為三明治。若夾入莫札瑞納起司，放到平底鍋上煎烤至起司融化，義大利帕尼尼就完成囉！

料理初學者一定要知道的小祕訣

就算已經跟著食譜做了，在烹飪途中還是免不了有許許多多失誤吧？
看著那些料理高手只用眼睛看個大概的量，做的料理也那麼好吃，
內心只能羨慕加驚訝。本書特地整理出大家容易混淆的問題，
幫助各位確認到底忽略了什麼？料理失敗的原因是什麼？

誰說炒蛋最簡單？

　　炒蛋沾鍋了或是焦了？請先想想看是不是用大火炒太久
了。要把炒蛋做得滑潤可口，祕訣就是以中火熱油鍋後，
倒入油（2），倒入蛋液（雞蛋3個＋鹽0.1＋胡椒粉少許），
在底部稍微要熟時改中小火，然後用筷子輕輕攪拌蛋液，
注意不要讓蛋黏在平底鍋上。輕輕炒到雞蛋開始結塊，有
些部分是濕潤的蛋液，差不多熟了 ⅔ 時，立刻熄火，靠餘
熱讓蛋熟透就完成了，不需要一直炒到全熟。

料理時兵荒馬亂，廚房變得亂糟糟。

　　同時做 2 個以上的料理時，時間實在很難掌握吧？在處
理食材時，不知不覺另一個湯已經煮到滾而且滿出來了，
或是明明才轉過身一下，菜就燒焦了。與其隨心所欲的亂
做，不如先仔細查看食譜，在腦中將順序演練一遍，並且
把每個料理需要的食材先處理好，需要的調味醬也都先調
好備用。確實做好料理的準備工作，才能在正確的時間點
放入食材。確認好所有的材料、調味醬都齊全了，再一次
整理好剩餘的食材或要洗的東西，就很乾淨俐落。

　　煮湯類料理，可利用把水煮滾或熬高湯的時間，同時準備
炒或涼拌類料理的食材。等湯幾乎快完成時在涼拌或炒菜，
比較不會冷掉或出水。如果沒有把握，也可先把湯煮好放
在一旁，等剩下的料理完成時再熱湯。最重要的是，肉類
或是快炒料理、麵料理等，放太久會冷掉或膨脹，因此一
定要放在最後煮。

調味好的肉為什麼每次都燒焦？

　　是不是火太大了呢？肉類要以中火烹調，中間也要一直翻
炒，調味醬才不會燒焦。因為若用小火炒太久，肉汁會流失，
還會出水，而以大火來炒肉會變乾硬。可先將食材炒熟，之
後再加入調味醬混合。

　　如果一次炒的食材量太多，炒熟的時間也會拉長，導致肉
汁流失、出水。因此選擇的鍋子大小要配合食材量，並且
記得——要一直不停地翻炒！

我做的義大利麵不是脹成一大碗就是揪結成一團。

首先,可利用煮義大利麵條的時間先處理別的食材,但要注意,煮好的麵條若放太久會變乾、變硬。如果麵條煮完後還要再炒過,那麼麵條不需煮到全熟,約煮 6～7 分鐘,麵芯還留有一點白色的樣子就可撈起,這樣放到醬料中熬煮是最剛好的。也可留一點煮麵水,與醬料混合熬煮時如果覺得太硬,可以加一點。

我做的炒飯為什麼油膩又黏糊糊?

想要做出粒粒分明的炒飯,用不軟不硬、微溫的飯或沒有黏性的冷飯才是最正確的!如果要使用微波即食飯,加熱時間要比平常縮短一半。

炒飯時油若加太多,炒飯會變油膩。且洋蔥、香菇、櫛瓜等富含水分的蔬菜如果以小火炒太久,炒飯就會變得比較濕。最好用大火快炒,讓油充分包覆住白飯,才能炒出粒粒分明又香噴噴的炒飯。

為什麼煎魚時,魚肉這麼容易散掉?

煎魚似乎是魚料理中比較簡單的方法,不過很容易遇到魚皮剝落、黏鍋,甚至連魚肉都散掉的情況。因此煎魚前,魚的水分一定要充分去除,魚肉才不易散掉。可以廚房紙巾輕輕按壓拭去水分。並在魚身上切斜線、抹上鹽,不僅較容易入味,魚肉也會比較結實。下鍋前,可以稍微沾些麵粉或太白粉再輕輕撢掉。這樣的煎魚不僅皮酥肉嫩,魚肉也不會散掉,會煎得很好看。

明明確認好溫度炸的,為什麼還是軟軟爛爛?

如果一次在炸油內放入太多要炸的食材,會導致油溫下降,食材熟成的時間相對也就拉長,油脂的吸收率也會提高。因此,要炸的食材不可以超過油量的 ⅔。裹上麵衣前,食材的水分要充分瀝乾,並且以適當的溫度油炸。炸好後,各食材不要疊在一起,而是墊上廚房紙巾或吸油紙,吸附多餘油分。

非學不可！削皮刀還可以這樣用

當廚藝進步到一個程度時，就會忍不住想要買一些工具了吧？

STOP！先好好地檢視一下自己手邊的工具吧！

像是削皮刀，只要好好利用，就會發現加倍的料理樂趣。

不要以為削皮刀只能削皮！學會活用它，連料理的視覺和味覺都會大大改變呢！

小黃瓜薄片

　　用削皮刀將小黃瓜切成得很時尚！最適合做成小黃瓜捲或軍艦捲，也能放到沙拉裡。先將小黃瓜放在砧板上，一手抓住尾端後，以削皮刀慢慢推，注意力道要一致，小黃瓜片的厚度才會平均。紅蘿蔔、白蘿蔔、南瓜與茄子等蔬菜都能這樣做。

炸馬鈴薯片

　　用削皮刀削馬鈴薯才是王道！不管你用什麼工具切馬鈴薯，做好的薯片都不會比用削皮刀做的好吃。薯片酥脆的祕訣在於「薄」，而用削皮刀可以刮出最薄的薯片！刮的時候記得一手拿穩馬鈴薯，就算中間斷了也不用擔心。削好的薯片要先泡冷水去除澱粉，再放到濾網中瀝乾水分，接著放入170℃的油鍋中炸。炸好後用廚房紙巾吸除多餘油脂，就完成囉！

切牛蒡絲

　　對料理初學者來說，切牛蒡絲相當困難，因為牛蒡結實不好切，而且一不小心很容易受傷。這時，只要有削皮刀就輕鬆搞定！牛蒡削皮後，先依想要的長度等份切好，之後將削皮刀拿直，像削鉛筆一樣削牛蒡，就能快速削好牛蒡絲了。削好的牛蒡絲很薄，料理時也容易入味。

刮奶油

　　從冷凍庫裡拿出來的奶油，用刀子或湯匙都很難取用，若要事先將奶油分切成每次取用的小塊份量，又覺得麻煩。這時只要用削皮刀在上面輕輕一推，無論多麼堅硬的奶油都輕鬆刮下需要的份量！刮下來的奶油很薄，可放到烤熱的吐司上，立刻就會融化，吃起來相當方便。

做巧克力碎片

　　就像帕瑪森起司也可以用削皮刀刮下來，放在義大利麵或披薩上，需要做麵包用的巧克力時，可先用手掌搓揉一下巧克力表面使其稍微融化，再以削皮刀輕輕刮出需要的份量，立刻變身成讓家庭烘焙層次提升的巧克力刀。需要裝飾的鮮奶油蛋糕放上刮下來的巧克力碎片，外觀立刻變得高級許多，也會讓人驚嘆你的烘焙實力喔！

削檸檬皮

　　檸檬皮不要丟！將黃色檸檬皮輕輕刮下來，可放入冰品、沙拉、鮮魚料理或烘焙中，增添清新香氣，檸檬的風味讓層次都提升了！但削時要特別注意，檸檬皮白色的部分有苦味，因此一定要去掉。此外，檸檬皮上可能會殘留農藥或蠟，因此要先用燒酒擦拭過，或在加入泡打粉和醋的溫水中浸泡 10 分鐘以上，最後在流動的水中洗淨。

計量法

#1 湯匙簡單計量法

粉末分量計量

糖（1）

糖（0.5）

糖（0.3）

以湯匙挖起時，上方呈突起的滿滿狀態。

半湯匙的突起程度。

湯匙 ⅓ 的突起分量。

切碎材料計量

蒜末（1）

蒜末（0.5）

蒜末（0.3）

裝滿整個湯匙的分量。

裝滿半湯匙的分量。

裝滿 ⅓ 湯匙的分量。

醬料計量

辣椒醬（1）

辣椒醬（0.5）

辣椒醬（0.3）

以湯匙撈起時，滿滿一湯匙的分量。

裝滿半湯匙突起的分量。

裝滿 ⅓ 湯匙的分量。

液態調味醬計量

醬油（1）

醬油（0.5）

醬油（0.3）

以湯匙撈起滿一湯匙的分量。

湯匙撈起，露出周圍邊界的分量。

裝滿 ⅓ 湯匙的分量。

#2 單手簡單計量法

豆芽菜（1 把）

手自然抓起的分量。

菠菜（1 把）

手自然抓起的分量。

麵線（1 把）

手圈起的直徑約臺幣 10 元大小。

#3 紙杯簡單計量法

高湯
（1 杯＝約180ml）
裝滿紙杯。

高湯
（0.5 杯＝90ml）
裝滿一半。

麵粉
（1 杯＝100g）
裝滿紙杯，不突出
杯面。

蒜末
（1 杯＝110g）
裝滿紙杯，不突出
杯面。

杏仁
（0.5 杯）
裝滿半杯。

小魚乾
（1 杯）
裝滿一杯。

#4 簡單目測計量

櫛瓜
（半根＝100g）

洋蔥
（¼個＝50g）

蘿蔔
（1 塊＝150g）

紅蘿蔔
（半根＝100g）

蒜頭
（1 瓣＝5g）

生薑
（1 塊＝7g）

Plus tip 標示「＋」的意義

調味料、醬料、沙拉醬
有些料理製作前，需要把調味料混合備用，使料理更入味。因此若調味料中有標示「＋」，即表示要先混合。

Plus tip 其他注意事項

少許：表示以拇指和食指輕捏一點的分量，如鹽巴。
必備食材：製作該料理一定要有的材料。
選擇性食材：可加可不加的食材，不加也不影響料理美味，可視個人喜好用其他食材代替或省略。
調味料：指蒜末、醬油、辣椒醬、糖等。

CHAPTER 2

廚藝逐漸精進的豐富菜色

旌善篇

不需其他調味料就超級好吃
包飯醬炒飯
쌈장볶음밥

《一日三餐》旌善篇第 2 季的首發料理！
旌善的廚房中連冰箱都沒有，更別說什麼像樣
的食材了，簡直比自己開伙的外宿生還不如。
不過只要有韓國包飯時使用的包飯醬，
就能做出風味絕佳的包飯醬炒飯，
輕鬆完成旌善牌的一流料理，
不妨跟著提供的小祕訣一起做做看！

Ready 2 人份

必備食材
蔬菜（馬鈴薯、洋蔥、香菇、辣椒
等）（1 杯）、飯（2 碗）、雞蛋（1
個）

包飯醬材料
蒜末（0.5）＋大醬（1）＋辣椒醬
（1）＋香油（0.7）

#01

將包飯醬材料均勻混合。

#02

蔬菜切細末。

#03

平底鍋加熱，倒入油（2），馬鈴
薯炒至半透明狀，再加入洋蔥、香
菇與辣椒，以大火拌炒。

+Cooking Tip
炒蔬菜時不要一次全部放入，要先
放較硬的蔬菜，這樣不同蔬菜才能
達到一致熟度，口感也較好。

#04

待洋蔥炒至透明，放入米飯，轉中
火拌炒。

#05

打入雞蛋，注意不要成塊，要均勻
拌炒。

+Cooking Tip
倒入蛋液一起炒就能變成略微濕潤
的蛋炒飯。不過若火太小，飯會變
得爛爛的，因此蛋液不要倒太多。
如果想像店裡那種香酥的口感，可
先把蛋另外炒好後，再放入炒飯中
拌炒均勻。

#06

加入一點包飯醬調味，拌炒均勻即
可。

超下飯的美味湯品

小白菜大醬湯 얼갈이된장국

睽違 3 個多月，製作團隊又回到旌善。這時的旌善已是春天，能
吃的東西更多了！只要切一點綠色蔬菜放入湯中，香噴噴又美味
的湯完成！小白菜大醬湯好吃又下飯，會讓你不知不覺就把一碗
飯吃光光，是很常見的家常湯品。

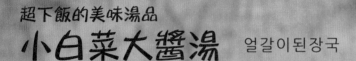

Ready 4 人份

必備食材

小白菜（5 株）、櫛瓜（⅓ 個）、
豆腐（½ 塊 =140g）

選擇性食材

紅辣椒（1 根）

高湯食材

高湯用小魚乾（15 隻）

調味料

大醬（3）

#01

鍋內放入水（6杯），放高湯用小
魚乾（15隻）熬煮15分鐘。

#02

小白菜切除尾端，以流動的水清
洗。

#03

小白菜切段約2～3等份，櫛瓜和豆
腐切成一口大小，紅辣椒切片。

#04

小魚乾撈出後加入大醬（3），攪拌
均勻後放入小白菜，以中火熬煮。

+Cooking Tip

如果有時間，可先將小白菜以鹽水
（水5杯＋鹽0.3）汆燙後，再放入
湯中熬煮，這樣不僅容易入味，小
白菜也不容易爛掉。

#05

待小白菜變軟後，加入櫛瓜、豆腐
與辣椒煮熟即可。

第一次做，味道就超完美
蔥泡菜　파김치

眾人在涎善做蔥泡菜的過程實在曲折離奇，先是把麵糊水
調得像洗米水一樣稀，最後還把蔥整個撈出來重新調味，
才終於大功告成。為了避免大家犯相同的
失誤，這裡要告訴大家
正確調製麵糊水的比例。

Ready 8 人份

必備食材
珠蔥（500g）

麵糊水材料
麵粉（1）、水（1 杯）

調味料
魚露（1 杯）、辣椒粉（1 杯）、
蒜末（2）、梅汁（5）、芝麻（0.2）

#01

珠蔥洗淨後瀝乾，均勻倒入魚露
（1 杯）醃 1 小時。

+Cooking Tip
以魚露代替鹽更能醃入味，且風味
更佳。如果不醃就直接做成泡菜，
不僅保存時易出水，調味醬也難均
勻塗抹，較難長久存放。

#02

鍋中放入麵粉（1）和水（1 杯），
以中火一邊煮一邊攪拌直到適當的
濃稠度，放涼備用。

+Cooking Tip
像珠蔥或蘿蔔葉等有特殊氣味的葉
菜類，一定要使用麵糊水，才能使
口感柔和並減少過多的氣味。此
外，使用一般麵粉比糯米粉更能讓
泡菜較快熟成。

#03

撈出醃好的蔥，在剩下的魚露水中
加入調味料和麵糊水，均勻混合。

#04

將調味醬均勻抹在蔥上，裝入密閉
容器中。

+Cooking Tip
做好後需放半天熟成，比做好立刻
吃更美味。

西式炒蛋 & 烤蘆筍

母雞 Matilda 的禮物

스크램블에그 & 아스파라거스구이

直接從母雞們的家裡取出每天剛生下、熱呼呼的雞蛋，
當然不能忘記 Jackson 的羊奶，做成新鮮滿分的早餐。
鮮嫩的西式炒蛋搭配綠油油的蘆筍，
這種夢幻組合完全能夠刺激味蕾啊！

Ready 2人份

必備食材
蔬菜（洋蔥、馬鈴薯、香菇、珠蔥
等）（⅔杯）、蘆筍（4根）、雞
蛋（4個）、牛奶（½杯）
★可視個人口味添加不同蔬菜。

調味料
鹽（0.2）、胡椒粉（少許）

#01

蔬菜切細末，蘆筍洗淨後切掉尾
端，然後切段約3～5等份。

#02

打蛋花，加入牛奶（½杯）、鹽
（0.2）與胡椒粉，均勻混合。

#03

將切好的蔬菜丁放入蛋液中。

#04

大火熱油鍋，倒入油（2），放入
汆燙過的蘆筍稍微拌炒後即可。
+Cooking Tip
隨蘆筍的粗細大小不同，熟的時間
和烹調方法也不同。這裡選用的蘆
筍大小約手指粗細，先在熱水中加
入些許鹽巴，將蘆筍快速汆燙15～
20秒至顏色變鮮綠即可撈出。加鹽
不僅能幫助入味，還能維持蘆筍的
翠綠色澤。吃蘆筍最適合的時節是
每年4～5月，這時候的蘆筍又嫩
又細，稍微用油拌炒一下就非常美
味。

#05

平底鍋中倒入油（2）熱鍋，倒入
蛋液，以湯匙輕輕拌炒到全熟。

#06

將炒蛋和蘆筍裝盤即可。

用獨門醬料製作
涼拌冷麵
비빔국수

涼拌冷麵非常適合當作簡便、輕盈的午餐選擇。
旌善的眾人特別在麵裡加入梅汁，增添了酸甜口味。
加入萵苣口感則更清脆爽口，很適合搭配蔥泡菜吃唷！

Ready 2人份

必備食材
雞蛋（1個）、萵苣（5片）、細麵條（2把）

調味醬
糖（1）＋醋（2）＋蒜末（2）＋辣椒醬（2）＋梅汁（1）＋香油（0.5）＋芝麻（0.2）

#01

雞蛋放入鍋中，倒入水直到幾乎淹沒雞蛋為止，以中火煮15分鐘，煮成水煮蛋。

#02

雞蛋放在冷水中稍微冷卻後剝殼，對切；萵苣切段。

#03

以滾水（4杯）煮好細麵，放到冷水攪拌一下，瀝乾水分。

+Cooking Tip
在滾水中煮麵時，待出現泡泡，要再倒入1杯冷水，等到再度沸騰，再次倒入一些冷水，如此重複3次就OK了。確定熟了後，將麵條放入冷水中清洗一下，將殘留的澱粉質都洗掉，麵條就會Q彈又有口感！

#04

將調味醬材料混合均勻。

#05

在煮好的麵條中放入調味醬拌勻，放上切好的萵苣和雞蛋裝盤即可。

高級版馬鈴薯料理

馬鈴薯煎餅
감자전

只要是用旌善那個大鐵鍋的蓋子做料理，
好像不管什麼食物都會美味加 3 倍。
把大鐵鍋蓋充分加熱，然後煎煎餅，
光是聽那滋滋作響的聲音，就令人垂涎三尺。

Ready 3人份

必備食材
馬鈴薯（3個）、洋蔥（½個）、
麵粉（3）

選擇性食材
切細片的紅辣椒（1根）

調味料
鹽（0.2）

#01

馬鈴薯削皮，浸泡在冷水中。
+Cooking Tip
泡水可預防馬鈴薯變黑。

#02

洋蔥剝皮後，用研磨器磨成泥狀。

#03

將馬鈴薯磨成泥狀，與鹽（0.2）、
洋蔥泥均勻混合。
+Cooking Tip
加鹽可防止馬鈴薯變色並且入味。

#04

加入麵粉（3）均勻混合。
+Cooking Tip
加入麵粉的煎餅不容易散掉，但若
加太多麵粉，會失去馬鈴薯獨有的
濕潤鬆軟口感。也可使用韓國煎餅
粉取代麵粉，若馬鈴薯泥水分太
多，可用棉布包覆，將多餘水分輕
輕擠掉。

#05

中火熱鍋，倒入油（3），放入捏
好形狀的馬鈴薯煎餅，待底部熟透
後，放上紅辣椒片做裝飾，然後翻
面煎至金黃即可。
+Cooking Tip
在家裡自己做時，煎餅尺寸可以做
小一點，不僅方便製作且容易均勻
熟透。記得要在油鍋夠熱時再放入
麵糊，才不會吸入過多油脂，煎得
更香酥。

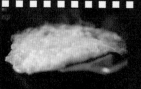

用魚罐頭輕鬆搞定一餐

辣燉馬鈴薯
秋刀魚鍋

꽁치감자고추장찌개

《一日三餐》牌的辣椒醬鍋，
重點在於放入整罐秋刀魚罐頭（湯汁也不放過！）
——這就是充滿男人味的豪邁料理啊！

Ready 4人份

必備食材

香菇（2朵）、蔥（10cm）、馬鈴
薯（1個）、洋蔥（½個）、秋刀
魚罐頭（1罐=400g）

調味醬

辣椒醬（2）、蒜末（0.5）

#01

香菇、蔥切片；馬鈴薯削皮後切成
一口大小薄片；洋蔥剝皮、切絲。

#02

在水（3杯）中加上辣椒醬（2）拌
勻，以中火熬煮。

+Cooking Tip

水可使用洗米水（洗米時最後一
次留下的水），湯頭更濃郁，還能減
少秋刀魚的腥味。

#03

湯煮滾後，放入馬鈴薯煮到呈半透
明狀，再放入香菇、洋蔥。

#04

放入整個秋刀魚罐頭（連同湯汁）。

+Cooking Tip

魚料理在烹調時必須全程打開鍋
蓋，讓腥味發散出去。如果想要湯
頭清爽一點，可以只放秋刀魚肉。

#05

放入蒜末（0.5）再次煮滾後，加入
蔥即可。

+Cooking Tip

放蒜末、清酒、青陽辣椒或辣椒粉
都能幫助消除腥味，且能讓湯頭味
道更豐富。

沒有鬆餅機也能輕鬆完成
鬆餅
팬케이크

玉主廚在美國學來的美式食物廚藝派上用場！
雖然在旌善得在大鐵鍋蓋上放入大量的油煎鬆餅，
但在家裡做時，可以用更簡便、省油的方式喔！

Ready 2人份

麵糊材料
低筋麵粉（1杯=110g）、糖（2）、
鹽（0.1）、泡打粉（0.2）、雞蛋（1
個）、牛奶（⅓杯=60ml）、橄欖油
（2）

選擇性食材
藍莓（適量）、蜂蜜（適量）、鮮奶
油（少許）

#01

將麵粉（1杯）、糖（2）、鹽
（0.1）與泡打粉（0.2）過篩後，均
勻混合。
+Cooking Tip
麵粉類先以濾網過篩再混合，麵糰
表面更光滑。

#02

牛奶（⅓杯）加入蛋中，均勻打
散。

#03

將過篩的粉類和蛋液混合後，放入
橄欖油（2）。
+Cooking Tip
《一日三餐》中是以橄欖油取代奶
油。若加入融化的奶油（2=20g），
可使麵糊不沾鍋，且口感更柔軟。

#04

熱鍋倒入油，以廚房紙巾輕輕擦拭
一次，再倒入麵糊以中小火煎至表
面產生氣泡後翻面，煎至金黃即
可。
+Cooking Tip
注意火不能太大，若用大火煎顏色
會變深，而且放太多油，麵糊會吸
收油脂，吃起來有油膩感。完成的
鬆餅可淋上蜂蜜、水果或鮮奶油，
如果想要吃飽一點，也可搭配熱
狗、培根和炒蛋等，就變成豐富的
美式早餐了。

滿滿一口都是韓國鄉村風味

蔬菜包飯
佐調味大醬

강된장쌈밥

光是看瑞精靈他們把調味大醬放在飯上包來吃，就覺得口水快流下來了。
其實我們在家裡也可以輕鬆完成充滿鄉村風味的包飯餐，
只要將家裡現有的大醬根據種類或味道的差異進行調味，
就能完成不過鹹且讓人垂涎欲滴、超適合包飯的調味大醬！

Ready 1杯份量

必備食材
香菇（1朵）、馬鈴薯（½個）、
洋蔥（¼個）、細蔥（2株）、青
陽辣椒（½根）、包飯用蔬菜或葉
菜（適量）

高湯材料
高湯用小魚乾（10隻）、昆布（1
片＝10×10cm）

調味醬
大醬（2）、蒜末（0.5）

#01

鍋中放入水與高湯材料，以中火煮
沸後撈出昆布，轉中小火再煮10分
鐘，撈出小魚乾。

#02

香菇、馬鈴薯與洋蔥切細丁；細蔥
與青陽辣椒切末。

#03

高湯中放入大醬（2）攪拌，煮滾
後放入切好的蔬菜丁、蔥、青陽辣
椒和蒜末（0.5），以中火一邊攪拌
一邊煮沸。

+Cooking Tip
如果家裡的大醬太鹹，只能使用少
量，可將豆腐弄碎放入降低鹹度，
增加濃稠感。

#04

待湯汁收到剩一半或達到想要的濃
度時就可以關火。

#05

將包飯用蔬菜或汆燙好的蔬菜一起
擺盤即可。

+Cooking Tip
可以像節目一樣以滾水（5杯）加
鹽（0.3）汆燙刺木芽和馬蹄葉，或
搭配汆燙的高麗菜、包飯用葉菜類
都很好吃。

吃完烤腸的畫龍點睛之作

烤牛肚炒飯

양대창구이볶음밥

來賓朴信惠一拿起刀鏟做料理，
立刻就從華麗的藝人變身烤腸店女兒。
大家也都深陷烤牛肚、牛腸的 Q 彈魅力中。
吃完烤肉料理，當然要請烤肉大嬸（？）
做出畫龍點睛的收尾之作——炒飯啦！

Ready 2人份

必備食材

調味的牛肚（2杯）、飯（2碗）、
海苔（適量）

★牛共有4個胃，依序為瘤胃、網胃
（蜂巢胃）、瓣胃（牛百葉）和皺
胃。節目中使用的為瘤胃（양대창）。

選擇性食材

細蔥（5株）

★也可用珠蔥（2株）取代。

調味醬

醬油（1）＋辣椒醬（2）＋果糖
（2）＋香油（1.5）＋芝麻粒（1）
＋胡椒粉（少許）

#01

將調味醬混合。

#02

細蔥切末，牛肚切小塊。

+Cooking Tip

也可將泡菜切細放入炒飯，增添清
脆口感與酸辣口味。

#03

中火熱油鍋，將牛肚炒至金黃。

+Cooking Tip

烤牛肚時，其油脂會慢慢融化出
來，節目中是以鐵網烤，我們在家
裡用平底鍋煎時，可隨時用廚房
紙巾擦拭，這樣炒飯才會好吃不油
膩。

#04

放入飯與調味醬一起拌炒。

#05

待飯和調味醬均勻混合，再放上海
苔和細蔥即可。

+Cooking Tip

炒飯完成後一定要馬上吃，才能吃
到香噴噴又粒粒Q彈的口感喔。

魔法調味粉的神來之筆

紫蘇海帶湯

들깨미역국

能讓料理更好吃的魔法調味粉——紫蘇粉！
只要放到湯裡，就算不用高湯也一樣美味，
是料理初學者也能輕鬆做出料理高手般美味湯頭的祕密！

Ready 4人份

必備食材
乾海帶（⅓杯=15g）、紫蘇粉（4）

調味料
紫蘇油（2）、湯用醬油（1.5）、
蒜末（0.5）、鹽（少許）

#01

先將乾海帶泡在冷水中15分鐘後瀝
乾，切成容易入口大小。

#02

鍋中倒入紫蘇油（2），放入泡好
的海帶以中小火翻炒。
+Cooking Tip
節目中是以香油拌炒海帶，但紫蘇
油的發煙點（耐熱度）比香油低，
適合高溫烹調。若沒有紫蘇油，也
可將香油和油以1：1混合後使用。

#03

倒入水（5杯）和湯用醬油（1.5），
大火煮沸後，轉中火續煮10分鐘。
+Cooking Tip
想讓海帶湯更濃郁，可用小魚乾高
湯或洗米水替代水。若喜歡紫蘇刀
削麵那樣比較濃稠的湯頭，可混合
糯米粉和紫蘇粉放入。記得先將糯
米粉放到一些海帶湯中均勻混合後
再倒入湯中，才不容易結塊。

#04

放入紫蘇粉（4）和蒜末（0.5）再
煮5分鐘，若不夠鹹就加鹽調味即
可。

永遠吃不膩的家常小菜
醃漬黑豆
콩자반

醃漬黑豆雖説是家常小菜，
但做失敗的比例還滿高的呢！
信惠一個眼神就讓大家動起來，
展開醃漬黑豆工程，
其實只要掌握一個關鍵就能輕鬆成功，
可別像眾人那樣大費周章啊！

Ready 4人份

必備食材
黑豆（1杯）

調味料
糖（1杯）、醬油（4）、果糖（2）、
芝麻（0.2）

#01

黑豆洗淨後，泡水4小時。
+Cooking Tip
黑豆洗淨後浸泡，能縮短熬煮時
間，且連裡面也能一起煮軟。

#02

將泡好的黑豆放到鍋中，倒入能淹
蓋黑豆的水，以中火熬煮。

#03

等到豆子完全熟了後，加入糖
（1）、醬油（4）、水（⅔杯）一
直煮到水收乾。
+Cooking Tip
黑豆一定要完全熟透後才能進行調
味，這樣豆子口感才不會硬硬的。

#04

加入果糖（2）再稍微熬煮一下，
灑上芝麻（0.2）即可。

讓碎念瑞鎮笑到酒窩滿開

日式壽喜燒

일본식샤브샤브

日式風味的牛肉壽喜燒居然能用《一日三餐》
的大鐵鍋完美重現，真不愧是料理好手朴信惠啊！
調味如何？真的那麼好吃嗎？
實在讓大家好奇得不得了。

Ready 2人份

必備食材
金針菇（2把）、香菇（4朵）、
豆腐（1塊）、白菜（8片）、
洋蔥（1個）、壽喜燒用牛肉片
（400g）、茼蒿（1把）、雞蛋（4
個）

調味料
醬油（½杯）、味醂（⅓杯）、糖
（⅓杯）

#01

金針菇切除尾端；香菇、豆腐切
片；白菜切成與豆腐差不多大小；
洋蔥略切塊。

#02

鍋中放入醬油（½杯）、味醂（⅓
杯）、糖（⅓杯）和水（1杯）煮開。

+Cooking Tip
節目中因為考慮到蔬菜會出水，會
讓鹹度降低，因此沒有特別加水。
但湯汁調味最佳比例：醬油：味
醂：糖比例是1.5：1：1時，再加1
杯水，鹹度最剛好且最美味。

#03

湯滾後，放入食材繼續熬煮。

+Cooking Tip
因為煮太久湯汁會越來越少，最好
選擇稍微煮一下就會熟的食材。

#04

待再次煮沸後，放入牛肉，肉熟了
後放入茼蒿，打個蛋花即可。

+Cooking Tip
將煮好的食材沾蛋液吃，鹹甜又柔
嫩滑順的口感真是一絕！想要更有
飽足感，可加入烏龍麵或韓國冬
粉，連最後一滴湯汁都不浪費，才
是《一日三餐》STYLE！

旌善誕生了魔力飲品
Mojito 雞尾酒 & 草莓氣泡飲
모히토와 딸기에이드

再沒有比用田園裡新鮮摘採的材料，
做成 Mojito 和草莓氣泡飲
更新鮮爽口的選擇了！
辛苦工作之餘來上一杯清涼飲料，
上面還有薄荷葉裝飾，
是不是高級又愜意呢？

Ready 2人份

Mojito雞尾酒 必備食材
薄荷葉（1小把）、糖（3）、燒酒
（½杯）、氣泡水（1½杯）、冰
塊（適量）

草莓氣泡飲 必備食材
草莓（2杯）、糖（⅓杯）、冰塊
（適量）、蜂蜜（少許）、氣泡水
（2杯）

#01

將薄荷葉搗碎。

#02

在搗碎的薄荷葉中放糖（3），均
勻混合後，加入氣泡水和燒酒，再
放入冰塊即可。

+Cooking Tip

燒酒和氣泡水的比例是1：3，也可
以依個人喜好調整，或用雪碧取代
汽泡水和糖，製作更簡便。

#01

前一天先將草莓中加糖（⅓杯），
均勻混合。

+Cooking Tip

如果前一天來不及先準備，可將草
莓切碎，拌糖醃2小時，較容易入
味，待糖溶化時再倒入氣泡水。可
以多做一些，加牛奶做成草莓牛奶
也很美味。

#02

將醃過的草莓以叉子弄碎。

#03

瓶中裝入冰塊，放入草莓與蜂蜜，
倒入氣泡水，草莓氣泡飲就完成
囉！

+Cooking Tip

可根據個人喜好調整蜂蜜用量。

15分鐘輕鬆搞定
宴會湯麵
잔치국수

朴信惠的料理手藝就和她的外貌一樣出色，
親手做的宴會湯麵更是一絕。
清爽湯頭與不過鹹的調味，
在沒有食慾的早晨，真是再開胃不過了！

Ready 4人份

必備食材
紅蘿蔔（⅓條）、櫛瓜（⅓個）、洋蔥（¼個）、麵線（3把＝300g）

高湯食材
高湯用小魚乾（15隻）、昆布（1片＝15×15cm）、蔥（15cm）、蘿蔔（1塊）、洋蔥（⅓個）

調味醬
韭菜末（1把）＋紅辣椒末（⅓根）＋醬油（3）＋洋蔥末（2）＋碎芝麻粒（0.2）

#01
鍋中倒入水（8杯），放入熬高湯食材。

#02
紅蘿蔔、櫛瓜與洋蔥切絲。

#03
調製調味醬。
+Cooking Tip
加入香油（0.3）更香更好吃。

#04
在另一個鍋子中放入水（7杯）煮麵線，煮好後過涼水。
+Cooking Tip
煮好的麵線要過幾次冷水後瀝乾，以防結塊。

#05
撈出熬高湯食材，放入切好的蔬菜，蔬菜熟了後再放入煮好的麵線，煮到麵線變熱即可。

#06
將麵線裝碗，盛湯，可搭配調味醬食用。
+Cooking Tip
湯頭清爽美味，所以不需另外調味。重口味的人可視自己喜好加入調味醬食用。

跟著做一定會成功！

大蒜麵包

육쪽마늘바게트

在晚才島首先亮相的火爐，終於也在旌善登場。
第一次摸到酵母粉的朴信惠也能變身麵包王，
大家都很驚訝吧？其實只要有詳細的食譜，
料理新手也能成功做出好吃的麵包喔！

Ready 18cm，2個份量

麵糰材料

高筋麵粉（2⅓杯=250g）、酵母粉（0.5=4g）、鹽（0.3）、水（1杯）

蒜味醬

糖（4）+鹽（0.2）+蒜末（4）+橄欖油（6）+巴西利葉（0.5）

#01

大碗中放入麵粉、酵母粉（0.5）、鹽（0.3），再加入水（1杯），揉成麵糰。

+Cooking Tip

放入酵母粉和鹽時不要互相碰到，如果混在一起會影響麵糰發酵。

#02

揉到麵糰表面呈光滑狀，以保鮮膜包覆放在溫暖的地方，靜待第一次發酵，直到麵糰體積變2倍大。

+Cooking Tip

第一次發酵如果順利，麵糰表面會很光滑、有光澤，用手指戳下去不會恢復原狀。若過度發酵，麵糰會變得軟呼呼，且會有馬格利酒的酸味，這樣的麵包很難成形，體積也會比原本小。

#03

用手擠壓出麵糰裡的氣體，分成2團，捏成橢圓形，反覆揉到外表光滑為止，再以濕棉布或塑膠袋包覆10～15分鐘，靜候中間發酵。

#04

用手大範圍地按壓麵糰，排出氣體後，由兩邊向中間折，讓麵包呈條狀，中間的部分用指尖捏一下塑形。

#05

靜待30分鐘進行第3次發酵後，在麵糰的上面切斜線。

#06

烤箱預熱200℃，烤20分鐘。

+Cooking Tip

烤麵包時，可在烤箱中放入一個裝水的碗，或使用蒸氣功能，才能烤出外酥內軟的法國麵包。

#07

烤好的麵包冷卻後，以麵包刀切片。

#08

塗上蒜味醬，再放入預熱180℃的烤箱中烤至金黃即可。

不能忘記紫蘇葉！
辣炒年糕
떡볶이

大家都喜歡的韓國國民小吃辣炒年糕，
最大魅力在於隨著加入不同食材，能有千變萬化的美味。
來自年糕一條街新堂洞的池城更告訴我們，
辣炒年糕的關鍵在於——紫蘇葉。

Ready 2人份

必備食材
年糕（2把）、雞蛋（2個）、洋蔥
（½個）、魚糕或魚板（3片）、
蔥（10cm）、紫蘇葉（5片）
★臺灣沒有魚糕，可用魚板取代。

調味醬
辣椒醬（3）、蜂蜜（2）、鹽
（0.2）

將年糕一個一個分開，泡水10分
鐘。

雞蛋放入鍋中，加水淹過雞蛋，煮
10分鐘後，放到冷水中剝殼。
+Cooking Tip
水中放醋（0.1）和鹽（0.3）一起
煮，蛋殼會更容易剝。

洋蔥和紫蘇葉切粗絲，魚板切成一
口大小長條形，蔥斜切片狀。

鍋中放水（4杯），加入辣椒醬
（3），拌勻熬煮。
+Cooking Tip
因為會加入魚板，所以不熬高湯也
很美味。魚板一定要煮到膨脹起
來，味道才能融入湯裡。也可在水
中放入小魚乾（8隻）和昆布（1片
=5×5cm）熬成高湯使用。

湯滾後，放入年糕和洋蔥，炒到年
糕變軟後，放入魚板。

放入蜂蜜（2）、鹽（0.2）調味，加
上蔥、煮好的雞蛋與紫蘇葉即可。
+Cooking Tip
蜂蜜可用砂糖或果糖取代。若要放
入拉麵，湯汁會減少，因此麵條可
另外煮熟放入，或等年糕吃得差不
多時，再放入麵拌炒。

吃外送食物也很有自己的風格
半半炸雞 & 醃白蘿蔔
반반무마니

《一日三餐》的家人果然對炸雞相當了解，
外送炸雞的精髓莫過於「口味半半，蘿蔔請多給」！
甚至還發揮驚人的料理天分，在麵糊中加入啤酒，
在調味醬中加入花生，有了這個特級食譜，
今天晚上就算不拿起電話，也能享受美味的炸雞大餐了。

Ready 2人份

必備食材
切塊雞肉（1隻）
★雞塊大小切成比做辣雞湯還小，可縮短炸熟的時間。

雞肉醃料
醬油（1.5）、胡椒粉（0.1）、調味鹽（0.1）、蒜末（2）、香油（0.7）
★本書的調味鹽指類似烹大師或鮮味炒手等調味粉。

麵糊材料
油炸粉（3杯）、太白粉（½杯）、泡打粉（1）、調味鹽（0.3）、啤酒（2杯）

調味醬
水（⅓杯）＋碎花生（¼杯）＋蒜末（1.5）＋辣椒醬（2）＋番茄醬（6）＋果糖（3）＋辣椒粉（2）

醃白蘿蔔材料
白蘿蔔（400g）、糖（⅓杯）、醋（⅓杯）、鹽（0.5）

#01

白蘿蔔切成2cm大小方塊，放入糖（⅓杯）、醋（⅓杯）、鹽（0.5）拌勻即可。
+Cooking Tip
白蘿蔔先灑上鹽稍醃、瀝乾水分後，再和其他材料混合好，醃到中途可上下搖晃幫助拌勻。若白蘿蔔切太小塊容易變軟，切太大塊又不易入味，因此2cm立方大小最為適中。

#02

混合調味醬材料。

#03

雞肉加入雞肉醃料，醃30分鐘。
+Cooking Tip
以調味鹽代替鹽，就算沒有使用炸雞粉也能炸出美味炸雞。天氣熱時雞肉容易變質，醃時最好放到冰箱中。

#04

將麵糊材料的粉類以濾網過篩一次，加入啤酒（2杯）和水（1杯），攪拌到完全看不到粉為止，然後將雞肉放入拌勻。
+Cooking Tip
啤酒可去腥，並讓炸雞外皮酥脆，比只加水的麵糊更好吃。若再加一點泡打粉，麵糊會膨脹讓炸衣變薄，這樣炸雞冷了後也能維持酥脆。

#05

預熱油（5杯）至180℃，放入裹好麵糊的雞肉炸至金黃。
+Cooking Tip
測油溫可放入木筷約2～3秒，若筷子周邊有小氣泡就是適當溫度了。

#06

平底鍋中放入調味醬，放入一半炸好的炸雞，讓調味醬和炸雞均勻混合，與原味炸雞、醃白蘿蔔一起擺盤即可。

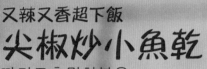

又辣又香超下飯

尖椒炒小魚乾

꽈리고추멸치볶음

玉傻子的小菜作品，雖然容易製作，
但要特別注意火侯的掌握和份量的拿捏，
炒的時間也不能過長，
否則可就白費之前的心血啦！

Ready 4人份

必備食材

小魚乾（3杯）、尖椒（1把）

★小魚乾請選擇中等大小，也可根據個人喜好挑選小魚乾。

選擇性食材

碎花生（4）

調味醬

醬油（2）、梅汁（2）

★可減少梅汁用量，在最後一個步驟加入果糖增添色澤，看起來更好吃。

#01

鍋子加熱，以小火炒小魚乾30秒。

#02

放入調味醬和尖椒，繼續以小火炒2分鐘後，熄火蓋鍋蓋，靜待3分鐘，讓尖椒熟透。

+Cooking Tip

加入調味料後若以大火炒很容易燒焦，因此要用小火。要讓尖椒入味，可以牙籤或叉子在上面戳幾個洞，並根據尖椒大小調整煮熟時間。

#03

打開鍋蓋，加入花生稍微拌一下。

一雪前恥的海帶湯成功！

海帶冷湯

미역냉국

之前玉傻子做的海帶湯因為味道太「奇特」，
所以整個被剪掉，讓《一日三餐》家人相當不平衡。
這次終於一雪前恥，成功做出海帶湯料理啦！

Ready 4人份

必備食材

泡發的海帶（⅔杯=50g）、洋蔥（¼個）、細蔥（1株）、紅辣椒（½根）

調味料

糖（2）、鹽（0.1）、醋（3）、湯用醬油（0.7）、蒜末（0.3）
★以湯用醬油代替鹽，湯頭更甘醇。

#01

將泡發的海帶洗淨，切段備用。
+Cooking Tip
要先將乾海帶泡水15分鐘再使用，直接買海帶芽更便利。

#02

洋蔥切細絲再對半切，細蔥和紅辣椒也切細。

#03

鍋中倒入水（3杯），放入海帶與切好的蔬菜。
+Cooking Tip
先將材料和調味料拌勻後靜置10分鐘，等入味後再倒入水，會煮得更有味道。節目是直接使用白開水，但用昆布高湯更好。昆布高湯做法：將昆布（1片=5×5cm）放入水中熬10分鐘。

#04

放入調味料調味，再加入冰塊稍微攪拌一下。
+Cooking Tip
海帶冷湯完成後放到冰箱冰10分鐘以上，比馬上吃更美味。因為還要放入冰塊，因此湯頭可以稍微鹹一點。

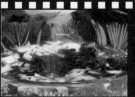

忘卻玉筍峰的酷熱
紅豆刨冰
팥빙수

連冰涼的溪水也無法澆熄難耐的暑熱，
這時紅豆刨冰就是最佳的消暑冰品！
在漫長的酷暑中，
也可以待在涼快的家裡一邊看電視，
一邊享受紅豆刨冰。

Ready 4人份

紅豆餡料材料
紅豆（1杯）、鹽（少許）、糖
（⅔杯）、果糖（⅔杯）

煉乳材料
牛奶（2杯）、糖（¼杯）

必備食材
冰塊（5杯）

選擇性食材
小年糕（適量）、堅果類（適量）

#01

鍋中放入紅豆和水（5杯）以大火
煮10分鐘後，將水倒掉，再重新
加入水（5杯），以中火熬煮40分
鐘。

#02

放入少許鹽、糖（⅔杯）、果糖
（⅔杯），以中火一邊攪拌一邊煮
10分鐘。

+Cooking Tip
若能前一天先浸泡紅豆，可縮短烹
煮時間。調味過的紅豆冷卻後會變
更乾，要煮到還留有一些水，冷卻
後才會濕潤柔軟。這樣煮出來的紅
豆和一般市面上賣的紅豆不同，不
會過甜且有濃郁香氣。吃不完的紅
豆放到完全冷卻，可用夾鏈袋密封
放到冷凍庫保存。

#03

鍋中放入牛奶（2杯）和糖（¼杯）
以中火煮沸後轉中小火，一邊攪拌
一邊煮至湯汁呈濃稠狀。

+Cooking Tip
牛奶在熬煮過程中很容易溢出或燒
焦，因此煮的時候不能離開爐火。
可用較大的鍋子煮，防止溢出。

#04

冰塊裝在塑膠袋中，用擀麵棍或槌
子敲碎。

#05

將敲碎的冰裝入碗中，放上紅豆
料、淋上煉乳即可，也可放上小年
糕或堅果類。

+Cooking Tip
以砂鍋裝盛刨冰，能減緩融化速
度，也更增添吃冰的消暑氣氛喔！

令人食指大動的
辣炒五花肉小章魚
주꾸미삼겹살볶음

累得沒有胃口時，就會想吃能讓人忘卻壓力的辣辣料理。
這樣的日子，就來上一道玉筍峰牌的辣炒小章魚五花肉吧！
最後加上香油做成香噴噴的炒飯，保證吃得心滿意足，元氣瞬間被充滿！

Ready 2人份

必備食材
小章魚（3隻＝240g）、麵粉（少許）、五花肉（200g）、洋蔥（1/3個）、紅蘿蔔（1/5根）、蔥（15cm）

選擇性食材
紅辣椒（1根）

醃料
醬油（1）、胡椒粉（0.1）

調味醬
辣椒粉（2）＋蒜末（1）＋辣椒醬（1.5）＋梅汁（2）＋蜂蜜（1）

調味料
香油（0.5）、芝麻（0.2）

#01

去除小章魚的內臟、眼睛和嘴巴，抹上麵粉搓揉後沖洗，切成容易入口大小。
+Cooking Tip
鍋中加入滾水（5杯）與鹽（0.2）汆燙至小章魚的腳蜷曲起來。先燙熟的章魚不會再變硬，炒的時候也不會出水，不用擔心調味變淡。

#02

豬肉切塊狀，放醃料醃入味。

#03

將調味醬材料混合。
+Cooking Tip
放入調味醬的辣椒粉要選細一點的，吃起來口感較溫和。

#04

洋蔥切粗絲；紅蘿蔔對半切薄片；蔥切成6cm小段；紅辣椒切片。

#05

碗中放入豬肉與一半調味醬，拌勻後醃20分鐘。
+Cooking Tip
《一日三餐》中是將蔬菜和肉與調味醬拌在一起，但豬肉先醃過較易入味。蔬菜因為熟的時間不同，最好先從硬的開始放，最後再放容易熟的。

#06

中火熱鍋，加入油（2），放入醃好的豬肉與紅蘿蔔炒2～3分鐘。

#07

轉大火，放入小章魚和剩下的調味醬，與洋蔥、蔥和辣椒等來拌炒，材料都熟後加入香油（0.5）和芝麻（0.2）即可。
+Cooking Tip
因為小章魚已經先燙過，所以放入鍋中後只要與調味料和其他材料均勻拌炒個1分鐘即可。若沒先汆燙章魚，得炒2～3分鐘才會熟。想要更辣一點，可用青陽辣椒取代紅辣椒。

用自製麵包完成美味早餐

雞蛋沙拉三明治

수제마요 에그포테이토샌드위치

《一日三餐》家族以新鮮出爐、金黃又香噴噴的吐司迎接愉快的早晨，
做蛋黃醬時要像瘋了一樣快速攪拌，
小心如果太專心，會像池城一樣不經意顯出其他的人格唷。

Ready 4人份

必備食材
雞蛋（3個）、馬鈴薯（2個）、洋蔥（¼個）、吐司（8片）

美乃滋材料
蛋黃（4個份量）、鹽（0.3）、橄欖油（½杯）、檸檬汁（3）
★可用油取代橄欖油，以醋代替檸檬汁。

調味料
鹽（0.5）、醋（1）

#01

蛋黃中加鹽（0.3），以打蛋器均勻混合，慢慢加入橄欖油（½杯）後繼續攪拌，再加入檸檬汁（3）混合。

+Cooking Tip
製作美乃滋若用整個雞蛋，較難控制濃稠度，只用蛋黃會比較濃稠。橄欖油不能一次倒入，否則會與其他食材分離，難以混合均勻，因此要一邊用打蛋器以相同方向慢慢攪拌，一邊慢慢倒入。最後加上檸檬汁，可幫助美乃滋存放時不易分離。

#02

鍋中放入馬鈴薯，倒入水覆蓋馬鈴薯，加鹽（0.2）煮到可用筷子穿透，取出備用。

#03

另一個鍋中放入雞蛋，倒入水直到能覆蓋雞蛋，加鹽（0.3）和醋（1）煮13分鐘。

#04

馬鈴薯剝皮、雞蛋剝殼後，弄碎混合，放入洋蔥末與自製美乃滋（4）攪拌均勻。

#05

將雞蛋沙拉夾到吐司裡。

淋上蜂蜜，甜甜蜜蜜！

烤年糕 &
蜂蜜檸檬氣泡飲

가래떡구이와 벌꿀레모네이드

玉筍峰三兄弟用親自採收的蜂蜜
做成獨特點心——香噴噴的烤年糕，
外皮酥脆、內裡 Q 彈有嚼勁。
香濃蜂蜜加上酸甜檸檬，
就是富含維他命與礦物質的健康飲品！

Ready 2人份

烤年糕材料
年糕（15cm×4條）、蜂蜜（5）

蜂蜜檸檬氣泡飲材料
檸檬（2個）、蜂蜜（3）、氣泡水
（1瓶=500ml）

#01

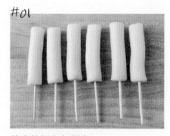

將木筷插入年糕中。
+Cooking Tip
先將硬年糕汆燙一下，變軟後備
用，烤好的年糕才不會太硬。

#02

直接在火上以中火烤，烤好後連同
蜂蜜（5）一起擺盤即可。
+Cooking Tip
也可用平底鍋以中火慢煎，煎時年
糕表面要維持乾燥才不會沾鍋，所
以年糕汆燙後一定要瀝乾。如果還
是會沾鍋，可加一點點油。

#01

檸檬對切，用叉子或榨汁器擠出汁
液，剩下半個切薄片，貼在要裝檸
檬汁的杯子內部。

#02

放入蜂蜜（3）和氣泡水（1）攪拌
到蜂蜜溶化，蜂蜜檸檬氣泡飲就完
成了！

第一次喝到這麼爽口的湯頭！

水泡菜
물김치

做著水泡菜就變得越來越奇怪的玉傻子，
完美重現了媽媽教他的食譜，
連熱愛速食的來賓也徹底愛上，
清涼又爽口的湯頭令人讚不絕口。

Ready 1.8公升份量

必備食材
大白菜（½個=400g）、蘿蔔（1塊=150g）、細蔥（8株）

選擇性食材
紅蘿蔔（¼條）

麵糊水材料
麵粉（1.5）＋水（1½杯）

湯頭材料
水梨（⅓個）＋洋蔥（½個）＋蒜頭（5瓣）、生薑（1塊）、細辣椒粉（2）

調味料
鹽（3）、梅汁（3）

#01

大白菜切成一口大小方形，加水（5杯）和鹽（2）略醃。
+Cooking Tip
加點水會比只放鹽醃更快速入味。

#02

鍋中放入麵糊材料加以混合，以中火一邊熬煮一邊攪拌至濃稠狀，以濾網過濾後冷卻備用。

#03

紅蘿蔔與白蘿蔔切片；蔥切4cm小段。

#04

將湯頭材料放入攪拌機中打碎，以棉布過濾後，加入水（6杯）混合。
+Cooking Tip
要用棉布將湯頭材料過濾一遍，湯頭才會爽口。

#05

將湯頭和麵糊水混合後，加入鹽（1）和梅汁（3）調味，再放入切好的蔬菜即可。
+Cooking Tip
水泡菜放入密閉容器中，可在常溫下放置一天等待熟成後，再放入冰箱中保存。天氣熱時，熟成時間可縮短為半日。

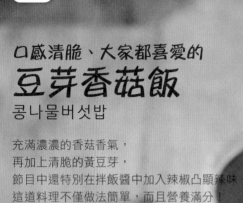

口感清脆、大家都喜愛的
豆芽香菇飯
콩나물버섯밥

充滿濃濃的香菇香氣，
再加上清脆的黃豆芽，
節目中還特別在拌飯醬中加入辣椒凸顯辣味。
這道料理不僅做法簡單，而且營養滿分！

Ready 4人份

必備食材
豆芽（2把）、乾香菇（7朵）、泡
過的米（3杯）
★米清洗2～3次後，浸泡20分鐘。

調味醬
辣椒粉（1.5）＋醬油（4）＋蔥末
（2）＋洋蔥末（1）＋紅辣椒末
（½根）＋青陽辣椒末（½根）＋
香油（2）＋芝麻（0.5）

#01

黃豆芽挑過後，洗淨瀝乾備用。

#02

乾香菇用溫水（3杯）中浸泡20分
鐘，瀝乾切成厚片狀。
+Cooking Tip
可用泡香菇的水煮飯，香氣更濃。

#03

在石鍋中放入泡好的米、香菇、泡
香菇的水（2⅓杯），蓋上鍋蓋以
中火煮，均勻攪拌混合，之後轉小
火再煮15分鐘，熄火燜2分鐘。
+Cooking Tip
香菇會出水，因此煮飯時，水量要
比平常少一點。

#04

在滾水（3杯）中放入豆芽，蓋上
蓋子煮4分鐘，撈起來以濾網瀝
乾。
+Cooking Tip
豆芽另外煮是為了保留清脆口感。
如果在豆芽全熟前就打開鍋蓋會有
豆芽腥味，因此一定要等全熟後才
能打開鍋蓋。如果一開始就沒有蓋
鍋蓋煮，那就全程不要蓋蓋子。燙
豆芽的水不要丟掉，可做成冷麵或
豆芽湯。

#05

煮好的豆芽放到香菇飯上。做好的
調味醬也一起擺盤。

用黃豆芽一箭雙鵰！
黃豆芽湯
콩나물국

王筍峰一家人對料理越來越熟練，
開始懂得用同一種食材做出兩種不同料理了，
汆燙完豆芽後，一半做豆芽飯，一半做豆芽湯。
不僅縮短料理時間，準備早餐也不再手忙腳亂，這麼聰明的主意，是不是值得一學呢？

Ready 2人份

必備食材
黃豆芽（1½把=130g）

選擇性食材
青陽辣椒（1根）、蔥（7cm）

調味料
蒜末（0.5）、鹽（適量）

#01

黃豆芽挑揀過後，洗淨瀝乾備用。

#02

青陽辣椒和蔥切末。

#03

鍋中放入水（3杯）與豆芽，以中火熬煮。

#04

待豆芽梗變透明時，加入蒜末（0.5）、蔥花和青陽辣椒，再次煮滾。

#05

最後用鹽調味即可。
+Cooking Tip
也可先放魚露（1.5），不夠鹹再用鹽調味，這樣即使不加高湯，湯頭也很甘醇。

點炸醬麵的是哪位啊？

炸醬麵
짜장면

玉筍峰大廚挑戰最近韓國火紅的「中華料理」，
手打麵中放入馬鈴薯和甜甜的甜麵醬，
不能忘記用青陽辣椒突顯辣味，最後放上碗豆仁和黃瓜絲，賣相也跟著奢華了起來。

Ready 2人份

必備食材
洋蔥（1個）、馬鈴薯（½個）、紅蘿蔔（¼根）、豬里肌肉（100g）、青陽辣椒（1根）

麵糰材料
麵粉（3杯）＋水（1杯）＋鹽（0.2）＋油（2）

選擇性食材
黃瓜（⅓根）、水煮碗豆仁（2）

調味料
甜麵醬（4）、糖（1.5）

勾芡水
太白粉（1）＋水（2）

#01

混合麵糰材料揉麵糰，一直揉到外皮光滑為止，以保鮮膜包覆，放入冰箱中醒麵30分鐘。

+Cooking Tip

將麵糰放入冰箱中低溫醒麵，麵條會更Q、更有嚼勁。

#02

將麵糰擀成薄片，灑上麵粉，切成麵條。

+Cooking Tip

擀麵糰時要灑上足夠的麵粉防止沾黏，多餘的麵粉可在切好麵條時再撢掉。

#03

黃瓜切絲；洋蔥、馬鈴薯、紅蘿蔔和豬肉都切丁；青陽辣椒切細末。

#04

大火熱鍋，加入油（2），放入豬肉、馬鈴薯和紅蘿蔔快炒，炒到馬鈴薯成半透明狀後，放入洋蔥和青陽辣椒再炒20分鐘。

#05

放入甜麵醬（4）和糖（1.5）炒2分鐘，加入水（1杯）煮到馬鈴薯熟透後，放入勾芡水來調整濃稠度。

+Cooking Tip

甜麵醬有些微澀味，要先炒過再使用。使用少量時可和其他食材一起炒2～3分鐘，如果用量較多，最好先單獨用油炒一下再使用。

#06

以滾水煮麵條，煮好後撈出沖一下冷水，瀝乾水分。

+Cooking Tip

生麵比乾麵容易煮滾，因此在滾水中放入麵條後不需一直攪拌，也可用市售麵條取代。

#07

將煮好的麵和炸醬裝盤，擺上黃瓜絲和碗豆仁裝飾即可。

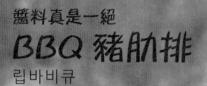

醬料真是一絕
BBQ 豬肋排
립바비큐

玉筍峰主廚推出大受稱讚的 BBQ 豬肋排，
味道跟美式餐廳比也毫不遜色，
好吃到連手指頭都忍不住要吃下去了。
美味祕訣居然是在醬料中加入草莓醬，佩服他們的創意吧？

Ready 4人份

必備食材
豬肋排（1kg）

選擇性食材
巴西利粉（少許）

煮豬肉材料
蒜頭（3瓣）、蔥綠部分（10cm×2根）、胡椒粒（0.3）

BBQ醬材料
奶油（1.5）＋水（⅓杯）＋胡椒粉（0.1）＋葡萄酒（3）＋醬油（2）＋番茄醬（5）＋豬排醬（5）＋味醂（3）＋檸檬汁（1）＋蒜末（1）＋洋蔥末（½個份量）＋果糖（2）＋草莓醬（1）

#01

豬肋排用冷水泡1個小時，去除血水，撕掉薄膜。

+Cooking Tip
節目播出時沒有這個步驟，但一定要去掉肋排的血水並撕除薄膜，薄膜呈半透明狀且相當韌，從尾端抓住慢慢撕下即可。

#02

鍋中加水至覆蓋肋排，放入煮豬肉的材料煮20分鐘。

+Cooking Tip
先將肋排煮過一次不僅能去除腥味，還能幫助入味。

#03

平底鍋中放入奶油（1.5），奶油融化後放入BBQ醬材料以中火熬煮，煮滾後轉中小火，一直煮到湯汁剩⅔為止。

#04

放入煮過的肋排持續煮10分鐘，過程中要不斷翻面。

#05

烤箱預熱190℃，放入肋排烤20分鐘後，灑上巴西利粉。

+Cooking Tip
放入烤箱前要均勻塗上BBQ醬料，注意不要燒焦，烤到一半記得翻面。

烤爐達人來囉～烤隻雞再走吧！

烤雞
오븐치킨

晚才島有名的火爐達人柳海真來旌善作客啦，
當然得來一道美味的火爐料理！雖然只有簡單調味，
但火爐溫度控制完美，好吃的烤雞大餐上桌了！

Ready 4人份

必備食材

雞（1隻=1kg）、洋蔥（½個）、
蒜頭（3瓣）

選擇性食材

牛奶（4杯）、迷迭香（1小株）

調味料

鹽（0.2）、胡椒粉（0.1）、奶油（3）

#01

將雞浸泡在牛奶中15分鐘。

#02

雞從牛奶中撈出，稍微拭乾水分，均
勻灑上鹽（0.2）、胡椒粉（0.1）。
在雞腹中放入切成4等份的洋蔥、
蒜頭和奶油（1），折好雞腿塞住
填塞的洞口，最後以線固定。

#03

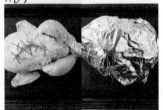

在雞皮表面塗上奶油（2），放上
迷迭香，以鋁箔紙包覆。

#04

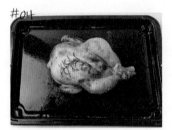

烤箱預熱200℃，放進去烤40分鐘
後將鋁箔撕除，調成190℃再烤30
分鐘即可。

+Cooking Tip

包覆鋁箔紙烤可讓表面水分不流
失，而且雞肉不乾澀。如果沒有把
握烤好一整隻雞，也可以只烤雞
腿。用家用烤箱時，包覆鋁箔後放
入190℃的烤箱中烤20分鐘，然後
撕掉鋁箔紙再烤10～15分鐘即可。

今天是玉筍峰郊遊日

野餐便當

소풍도시락

今天《一日三餐》要去玉筍峰的溪谷中郊遊，
準備了充滿懷舊氛圍的人氣餐點，
即使是涼了也好吃，
玩水後一定會飢腸轆轆，
這時候不管吃什麼，
都是人間美味啊！

Ready 4人份

必備食材
泡菜（2杯）、粉紅火腿（25cm）、
金針菇（100g）、青陽辣椒（1根）、
鑫鑫腸（360g）、雞蛋（4個）、
麵粉（½杯）、飯（4碗）、小魚乾
（½杯）、市售腐皮壽司料理組
（含壽司醬油、壽司拌飯料）（1盒
=165g）

調味料
鹽（0.4）、胡椒粉（少許）、紫
蘇油（1）、辣椒醬（0.5）、香油
（1）、芝麻（0.2）

#01

金針菇切除尾端；粉紅火腿切厚
片；鑫鑫腸斜畫幾刀；青陽辣椒切
細。

#02

泡菜切成一口大小，雞蛋加入鹽
（0.1）打成蛋花。

#03

大火熱鍋，倒入油（1），放入金
珍菇、鹽（0.1）和胡椒粉拌炒。
+Cooking Tip
菇類要大火快炒以免出水。金針菇
不需炒得太熟，稍微變軟就可以起
鍋。

#04

調成中火，倒入油（1）炒鑫鑫
腸，粉紅火腿沾上麵粉和蛋液，煎
至雙面金黃。

#05

剩下的蛋液倒入平底鍋中，慢慢翻
面捲起作成雞蛋捲。

#06

擦拭油鍋，放入香油（1）和食用
油（1），再放入泡菜拌炒至變軟
後，加入辣椒醬（0.5）與鹽略炒一
下。
+Cooking Tip
如果是酸度較強的泡菜，可加一點
糖或果糖。

#07

在溫熱的飯（2碗）中加入小魚
乾、青陽辣椒、鹽（0.2）、香油
（1）和芝麻（0.2）均勻攪拌，捏
成容易入口的團狀。再取溫熱的飯
（2碗）加入壽司醋和壽司拌飯料
一起拌勻，去除水分後，裝填入腐
皮中。
+Cooking Tip
小魚乾要先在乾鍋中炒一下，再加
上醬油（0.5）、糖（0.2）稍微拌
炒，才不會有腥味。

#08

將完成的料理裝入便當盒中，就完
成囉！

最佳下飯小菜

醃紫蘇葉

깻잎지

大家決定醃玉筍峰第一次收成的紫蘇葉，
雖然免不了要緊急「電話救援」，
幸好也因此得到醃紫蘇葉的關鍵祕訣——昆布水。
節目中做的醃紫蘇葉有一點點美中不足，
這裡要教大家做出更完美的醃紫蘇葉！

Ready 4人份

必備食材
紫蘇葉（50片）

高湯材料
昆布（1片=5×5cm）

調味醬
珠蔥（5株）、洋蔥（¼個）、紅辣椒（1根）、青陽辣椒（1根）、辣椒粉（7）、玉筋魚露（1）、醬油（7）、果糖（2.5）、蒜末（1.5）、芝麻（0.3）
★以玉筋魚露代替鹽調味，風味更甘醇。

#01

將昆布浸泡在水（⅕杯）中10分鐘後撈出，做為高湯備用。

#02

紫蘇葉洗淨、瀝乾。
+Cooking Tip
紫蘇葉柄要切成一定的長度才會整齊。水沒有瀝乾，調味會變淡。

#03

珠蔥、洋蔥與辣椒切細末，

#04

將切碎的材料與其他調味醬材料、高湯混合，
+Cooking Tip
如果放入很多辣椒粉，調好調味醬後先放置一下，讓辣椒粉粒子膨脹變軟，抹到紫蘇葉上時更能均勻入味。

#05

紫蘇葉約2～3片疊在一起，均勻抹上調味醬即可。
+Cooking Tip
如果是比較硬的紫蘇葉，抹上調味醬後在蒸鍋裡蒸5分鐘，就能享受到柔軟可口的美味。

絕對不會失敗第 2 次
雞蛋麵包
달걀빵

麵包王從旁指導、玉主廚掌廚的雞蛋麵包，
雖然白白胖胖的很可愛，味道卻差強人意，
讓來賓金荷娜和眾 PD 都覺得遺憾。
這裡就來告訴大家，
把雞蛋麵包做得金黃酥脆又香噴噴的方法吧！

Ready 6個份量

必備食材
雞蛋（6個）

麵糊材料
麵粉（2杯）、泡打粉（0.3）、鹽
（0.3）、糖（3）、牛奶（1⅓杯）
★節目中是用水和麵糰，本書用牛
奶替代水，麵包口感更柔軟。

調味料
油（少許）、鹽（少許）、胡椒粉
（少許）

#01
將麵糊材料中的粉類以濾網過篩一
次。

#02
加入牛奶開始和麵糰，直到麵糰呈
能流動的黏稠狀。

+Cooking Tip
做雞蛋麵包的麵糊要呈現能流動的
黏稠狀，越攪拌會越軟，因此要一
直慢慢攪拌到看不到粉末顆粒為
止，在麵糰中打入雞蛋（1個），
更能提升香氣。

#03
在瑪芬杯或鋁箔杯中塗上油，倒入
麵糊約半滿。

+Cooking Tip
塗油可讓麵包烤好後比較易於脫離
容器，因為麵糊和雞蛋在熟時會膨
脹，所以麵糊倒半滿即可。

#04
麵糊上打上雞蛋，加些許鹽、胡椒
粉調味。

#05
烤箱預熱180℃，放入烤箱中烤15
～20分鐘即可。

+Cooking Tip
以木筷戳一下，麵糊不會沾在筷子
上即代表熟透。

不用優格機也很好吃
藍莓優格
블루베리요거트

Jackson 的羊奶纖起司之後又有新作～
這次要做成酸甜又健康的優格！
優格即使不用優格機也可以製作，
方法雖簡單卻有點麻煩。
想要零失敗，記得選擇富含乳酸菌的優酪乳喔！

Ready 800ml 份量

必備食材
牛奶（700ml）、優酪乳（150ml）

選擇性食材
藍莓（適量）

#01

將牛奶和富含乳酸菌的優酪乳放入碗中均勻混合。

#02

覆上保鮮膜，放置在溫暖的地方靜置12小時使其發酵。

+Cooking Tip

天氣微涼時也可用電鍋做。放入電鍋中，設定保溫功能放3～4小時後關掉，再靜置5小時以上即可。如果想要酸味重一點，就延長靜置發酵時間。

#03

裝在碗中，並放上藍莓裝飾即可。

+Cooking Tip

也可以放其他各種水果或甜度適中的手工果醬，吃起來就像市售優格一般甜蜜唷！

口感絕妙
馬鈴薯丸子湯
감자옹심이

《一日三餐》的眾人向來對女來賓很仁慈，總是不吝給予好評，
這次金荷娜做的丸子卻讓大家忍不住說出狠毒的評語，
到底在哪裡失誤了呢？趕快來學正確做法！

Ready 2人份

必備食材

洋蔥（⅓個）、櫛瓜（⅓個）、紅蘿蔔（¼個）、馬鈴薯（3個）、太白粉（1.5）

高湯材料

昆布（1片=10×10cm）、高湯用小魚乾（10隻）

調味料

鹽（0.2）、湯用醬油（1）

#01

在鍋中放水（4½杯）與高湯食材，以中火煮滾後撈出昆布，再煮10分鐘。

#02

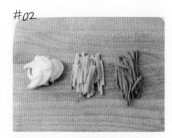

洋蔥、櫛瓜、紅蘿蔔都切細絲。

#03

馬鈴薯去皮、磨成泥，加鹽（0.2）混合後，以棉布包起來擠出汁液備用，讓汁液中的澱粉沉澱。

+Cooking Tip

為了防止馬鈴薯變色，可去皮後在冷水中放置10分鐘再使用。馬鈴薯研磨後一定要瀝乾水分才不會軟爛，否則放到湯中煮一下子就糊掉了。

#04

澱粉沉澱後，慢慢倒入清水，再放入乾馬鈴薯泥和太白粉（1.5）均勻混合。

+Cooking Tip

連馬鈴薯汁液一起放，即使不放太白粉也能有黏稠性，丸子口感會更好。

#05

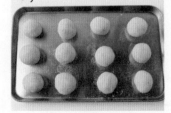

將馬鈴薯麵糊捏成一口大小圓球狀。

#06

將高湯食材撈出，加入湯用醬油（1）調味。

#07

再次煮滾後，放入蔬菜和丸子，等丸子浮起即可。

熱呼呼時讓你透心涼
豆漿冷麵
콩국수

幾乎把玉筍峰變成人間煉獄的豆漿冷麵，眾人光磨豆漿就快中暑了！
不過當一口冰涼涼的吃下去，立刻又像來到了天堂～
如果連煮黃豆都嫌麻煩，也有其他代替的 PLUS RECIPE 喔！

Ready 2人份

必備食材
黃豆（1⅓杯）、黃瓜（⅓條）、
麵條（2把）

選擇性食材
黑芝麻（少許）

調味料
鹽（0.4）

#01

將黃豆清洗2～3遍後，在水中浸泡
10小時。

#02

泡好的黃豆和泡黃豆水一起放入鍋
中，以中火煮到黃豆變軟。
+Cooking Tip

黃豆浸泡不充分或煮得不夠軟會有
豆腥味，且會像節目中那樣耗費大
半天時間磨豆。不過若煮太久也會
有澀感。煮的過程中可試吃看看，
又香又軟就是全熟了。

#03

在果汁機中放入黃豆和煮黃豆的水
（3杯）、鹽（0.2）攪碎。
+Cooking Tip

水量可依個人喜好調整，這裡使用
量跟節目中一樣，是濃稠的豆漿湯
汁。加入松子、核桃或芝麻一起攪
會更香醇。

#04

過濾湯汁後放置冷卻；黃瓜切細絲。
+Cooking Tip

過濾後剩下的豆渣可做大醬鍋或煎
餅，喜歡濃郁口感的人可省略過濾
步驟，直接使用。

#05

在滾開的水（5杯）中放入麵條，
加鹽（0.2）煮好後撈出，沖冷水並
瀝乾。

#06

將麵裝碗，倒入豆漿湯，以黃瓜絲
和黑芝麻裝飾即可。

PLUS
RECIPE

超簡單！不用豆漿，來碗牛奶冷麵

必備食材 牛奶（2罐=400ml）、涼拌用豆腐（1塊）、麵條（2把）
選擇性食材 黃瓜（¼根）、番茄（½個）、松子（2）、花生（⅓杯）、
鹽（少許）

1 先冷凍1罐牛奶（牛奶結冰不像水那麼硬，很容易攪碎）。
2 黃瓜切細絲，番茄切成容易入口大小。
3 在果汁機中放入沒有結冰的牛奶（1罐）、涼拌用豆腐、松子和花生攪
碎。
4 放入冰凍的牛奶再次攪碎，做成湯汁，滾水中放入麵條煮熟，並用冷水多
次沖洗後，撈出並瀝乾水分，可參考麵條外包裝上標示的煮熟時間煮。
5 將麵條裝碗，倒入牛奶湯汁，以黃瓜和番茄做裝飾即可，可依個人口味加
鹽調味。

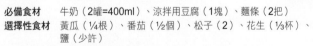

像媽媽的味道一樣溫暖
豆渣泡菜鍋
콩비지김치찌개

聰明的《一日三餐》家族煮了黃豆後，把湯做成豆漿麵，
剩下的豆渣就做成豆渣泡菜鍋，這可是韓國家常口味，
就讓熱呼呼的豆渣泡菜鍋溫暖你的胃和心吧！

Ready 2人份

必備食材
洋蔥（½個）、豬頸肉（200g）、
泡菜（1杯）、泡菜湯汁（½杯）、
豆渣（⅔杯）

#01

洋蔥切細絲；豬肉和馬鈴薯切成一
口大小。

#02

在鍋中倒入油（1），用中火炒豬
肉。

#03

待豬肉變白後，放入泡菜一起炒到
泡菜變軟為止。
+Cooking Tip
使用熟成的泡菜風味較好，可隨泡
菜鹹度調整後續加入泡菜湯汁的
量。若使用老泡菜，炒時加點糖，
更能中和酸味。

#04

放入洋蔥、水（1½杯）和泡菜湯
汁，一直煮到馬鈴薯變透明為止。
+Cooking Tip
如果不加泡菜湯汁，也可加蝦醬或
湯用醬油調味。

#05

放入豆渣，再次煮滾即可。
+Cooking Tip
若還不夠鹹，可用鹽或蝦醬調味。

擺脫死鹹的關鍵在調味料

嫩炒牛肉
바싹 불고기

來賓金荷娜煮丸子湯大失敗後，
隔天早上為了雪恥而煮了嫩炒牛肉，
沒想到又放調味料又放鹽，變成一道鈉含量超標的料理了！
這是料理新手很常犯的失誤，其實不失敗的祕訣，就在於調味料的拿捏。

Ready 2人份

必備食材
牛後腿肉（韓式烤肉用）（300g）

選擇性食材
包肉的葉菜類（適量）

炒肉調味醬
洋蔥泥（¼個）＋水梨泥（¼個）＋
糖（1）＋醬油（4）＋蔥花（2）＋
香油（0.7）＋芝麻（0.2）

#01

洋蔥和水梨削皮、磨成泥後，與剩下的炒肉調味醬材料均勻混合。

+Cooking Tip
做炒肉料理時，基本比例是：100g
肉＋醬油（1），若調味醬有放洋
蔥或水梨，那醬油量就要增加。

#02

將牛肉放到廚房紙巾上吸去血水
後，放到調味醬中略醃。

#03

洗淨包肉用蔬菜，瀝乾水分。

#04

大火熱鍋，牛肉放入乾的鍋子上拌
炒，炒到沒有水分後，即可與蔬菜
一起裝盤。

+Cooking Tip
拌炒時小心不要燒焦，牛肉快全熟
時，先將牛肉集中到一邊，在另一
邊放入糖（1），等糖融化後再快
速與牛肉拌勻，就會有火烤般的焦
香。若家裡有鐵網，也可像節目一
樣用鐵網烤。

讓人忍不住泛起微笑

貝果 & 奶油起司

베이글과 크림치즈

在陽光美好的早晨，
《一日三餐》做了兩種不同口味的奶油起司和貝果，
原本連貝果是什麼都不知道的金光奎，
和三天前就想吃麵包的來賓金荷娜，都露出了滿足的微笑呢！

Ready 8個份量

必備食材
高筋麵粉（5杯=500g）、鹽（1）、
糖（2）、酵母粉（1）、橄欖油
（4）、水（2杯）

奶油起司材料
原味優格（3杯）、鹽（0.3）、桑
椹＋藍莓（⅔杯）、糖（0.5）

糖水
水（5杯）＋糖（3）

#01

在原味優格（1½杯）中加鹽（0.1）
混合後，用棉布過濾油層。
+Cooking Tip
可先把優格在冰箱中放置半天以
上，能幫助完全去除油層，放越久
水分會流失越多、口感越扎實。

#02

在桑椹、藍莓中加鹽（0.2）和糖
（0.5）攪碎，與剩下的優格（1½
杯）混合，以棉布過濾油層。

#03

混合必備食材，揉至麵糰表面呈光
滑狀。

#04

麵糰包覆保鮮膜，用筷子在上面戳
2～3個洞，放到溫暖處醒麵至麵糰
膨脹2倍。

#05

以手按壓麵糰幫助排出麵糰裡的
氣泡，將麵糰分成8等份，搓成圓
形。

#06
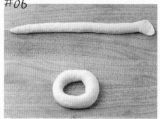

麵糰再靜置15分鐘發酵後，捏成貝
果形狀，再靜置30～40分鐘進行2
度發酵。

#07

煮滾糖水，放入麵糰，正反面各燙
15秒，
+Cooking Tip
貝果要在水中燙過、瀝乾水分，再
放到預熱的烤箱中烤，表皮才會膨
脹得光滑漂亮。以糖水燙可讓表皮
更有光澤，如果水中加泡打粉燙，
麵糰會更有嚼勁。但燙太久麵糰會
變硬，最多只能10～15秒。

#08

烤箱預熱200度，將貝果放入烤箱
中烤10～15分鐘，抹上奶油起司即
可。

PLUS TIP
做出貝果模樣的精髓！
1）先將麵糰搓成25cm長條狀。
2）將麵糰條的兩端，一邊做成尖
　　狀，一邊捏成扁扁圓圓的。
3）兩邊繞起來交接的時候要接
　　好，不要有分開的地方。

豪爽地放入滿滿蔬菜

辣炒雞排
닭갈비

Minky 生了！今天是玉筍峰一家人迎接新家族成員的日子，
難得沒有客人來訪，家人圍在一起做做料理，
度過祥和的一天。完成的料理看起來真教人食指大動！

Ready 4人份

必備食材

洋蔥（½個）、高麗菜（6片＝100g）、蔥（20cm）、馬鈴薯（1個）、雞腿肉（400g）

選擇性食材

紅蘿蔔（¼個）、青辣椒（1根）、紅辣椒（1根）、芝麻（少許）

調味醬

辣椒粉（3）＋醬油（1.5）＋蒜末（1）＋辣椒醬（4）＋蜂蜜（1）＋辣油（1）＋胡椒粉（少許）

#01

調味醬充分混合。

#02

洋蔥、高麗菜切大塊後再對半切；蔥切5等份再對半切。

#03

馬鈴薯、紅蘿蔔削皮後切成一口大小薄片；辣椒切細。

+Cooking Tip

較硬的紅蘿蔔和馬鈴薯熟成時間較長，稍微切薄一點，可與其他蔬菜熟成時間相近。

#04

雞腿肉切成一口大小，加入洋蔥、高麗菜、馬鈴薯和紅蘿蔔，與調味醬一起拌勻、略醃。

#05

中火熱鍋後，倒入油（0.5），將所有材料放入拌炒4～5分鐘。

+Cooking Tip

雞腿皮有非常多油脂，料理時要先從皮煎再翻面，雞腿肉會很滑嫩好吃。為了避免噴油，可蓋上鋁箔紙。雞腿肉也會出油，調味醬裡也有辣椒油，因此如果使用不沾鍋，可以不另外放油。

#06

待雞肉熟透、外皮金黃後，放入辣椒、蔥再稍微拌炒一下即可。

馬鈴薯炒飯

蠔油真是神來之筆

감자복음밥

馬鈴薯炒飯根本是玉主廚的獨門絕活！
手持雙鍋勺的料理作品，果然得到大夥一致稱讚——
飯果然就是要做成炒飯才是王道啊！
蠔油更是這道料理大成功的祕訣，趕快來學吧！

Ready 2人份

必備食材
馬鈴薯（1個）、洋蔥（½個）、
飯（2碗）、雞蛋（2個）

選擇性食材
細蔥（2株）、青辣椒（½根）、
紅辣椒（½根）
★可用珠蔥取代細蔥。

調味料
蠔油（1.5）

#01

馬鈴薯和洋蔥去皮，切細丁。

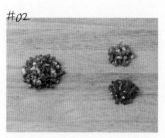

#02

細蔥切細；辣椒切得比細蔥略粗一點。

#03

中火熱鍋，倒入油（2），先炒馬鈴薯1分鐘，再放入洋蔥炒30秒。

#04

放入飯和材料均勻混合，加入蠔油（1.5）均勻拌炒。

+Cooking Tip
如果像節目中一樣只用蠔油調味，炒飯會太溼且顏色不好看，因此不夠鹹的話就加鹽調味即可。

#05

放入雞蛋拌勻，最後放入蔥和辣椒拌炒即可。

+Cooking Tip
將炒過的飯先推到一邊，利用另一邊做香酥的炒蛋，再和炒飯一起拌勻，這樣炒飯會更香。

適合忙碌早晨的清爽口感
小南瓜湯
호박국

崔智友一來就開始跟李瑞鎮上演夫婦拌嘴，帶來許多歡笑。
手藝不錯的她推出第一道料理，只用從田園裡新鮮現摘的小南瓜，
加上鹹鹹蝦醬就完成了。小南瓜花能送人獲取歡心，
果實還能填飽肚子，真是用途多多啊！

Ready 2人份

必備食材
小南瓜（¼個=120g）、洋蔥（½
個）

高湯材料
高湯用小魚乾（6隻）、昆布（1片
=5×5cm）、洋蔥（½個）

調味料
蝦醬（0.5）

#01

在水（3½杯）中放入高湯材料，
中火煮滾後撈出昆布，再煮10分
鐘。

#02

小南瓜切成一口大小，洋蔥切片
狀。

+Cooking Tip
小南瓜就是傳統南瓜結果後，立刻
摘下來的小型南瓜，也可用櫛瓜代
替。

#03

將熬湯的食材撈出。

#04

放入小南瓜和洋蔥，以中火熬煮。

#05

煮開後加入蝦醬（0.5）調味，煮至
小南瓜熟透變軟即可。

+Cooking Tip
要煮到南瓜甜味釋放出來後再用蝦
醬調味，湯頭才不會太鹹，而且很
爽口。打個蛋花或放豆腐也很合
適。

韓國江原道代表美食
打鼻子湯麵
콧등치기국수

繼丸子湯後，《一日三餐》再度挑戰江原道美食！
「打鼻子湯麵」名字的含意，
代表以蕎麥做成的麵條，Q彈得吸一口就會打到鼻子！
節目中因為麵糰太硬，連揉麵都很困難，
這裡要公開水和麵粉的黃金比例，千萬不能錯過。

Ready 4人份

必備食材
蕎麥麵粉（3杯）、麵粉（2杯）、防沾黏用麵粉（適量）、洋蔥（⅔個）、櫛瓜（⅓個）、蔥（10cm）

選擇性食材
紅蘿蔔（⅓根）

高湯材料
昆布（1片=10×10cm）、高湯用小魚乾（15隻）、蔥（15cm）、乾明太魚（½隻）、白蘿蔔（⅔根=100g）

調味料
湯用醬油（1）、蒜末（2）、大醬（1.5）

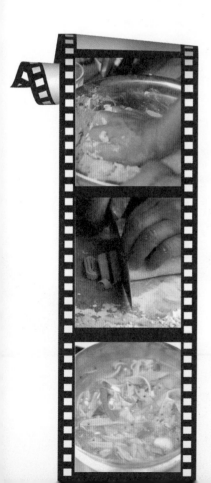

#01

鍋中放入水（8杯）和高湯材料，以大火煮滾後轉中火，煮至白蘿蔔變熟。

#02

將蕎麥麵粉和麵粉在碗中混合，加入熱水（1⅓杯）揉至麵糰表皮光滑，以塑膠袋包起，靜置醒麵。
+Cooking Tip
揉麵時的熱水不要一次倒入，要一邊揉一邊一點點放入。麵糰若太硬就再加一點水揉，麵糰要像黏土一樣柔軟，揉到可用手指輕鬆壓出洞即可。

#03

洋蔥、櫛瓜與紅蘿蔔切絲；蔥斜切片。

#04

底部灑一些麵粉防止沾黏，將麵糰擀平後，切成細條狀。
+Cooking Tip
揉麵糰時，防沾黏麵粉要放足夠才不會黏住。節目中是放太白粉，但這樣會讓湯變濁。切好麵條後可將多餘麵粉撢掉，注意別讓麵條纏在一起。

#05

撈出熬高湯材料，加調味料調味，水滾後，放入除了蔥之外的所有蔬菜，

#06

持續煮2分鐘後，放入麵條煮到麵條呈透明狀，放入蔥即可。
+Cooking Tip
想要湯頭更清澈，可在其他鍋子另外煮麵。

越薄越好吃
櫛瓜煎餅
애호박전

櫛瓜是韓國夏天餐桌上少不了的食材。
只要有一條胖嘟嘟的櫛瓜，
不僅能煮湯、快炒，還能做成煎餅，料理方式相當多。
而金黃酥脆的煎餅更是櫛瓜料理中的風味代表！

Ready 2片份量

必備食材
櫛瓜（1個）、洋蔥（⅓個）、乾
蝦仁（¼杯）、太白粉（5）

選擇性食材
青陽辣椒（1根）

調味料
鹽（0.2）

#01

櫛瓜、洋蔥切細絲；青陽辣椒切
細。
+Cooking Tip
材料切細，煎時才不容易散掉。

#02

乾蝦仁弄碎。
+Cooking Tip
可用刀子、研磨缽或果汁機攪碎。

#03

在櫛瓜中加鹽（0.2）稍微拌一下，
等到出水時，放入太白粉和其他材
料，均勻混合。
+Cooking Tip
不需另外加水，只要用櫛瓜出的水
和麵糊即可。對容易散掉的食材來
說，太白粉可以增加麵糰的黏性。

#04

鍋中倒入油（4），以中火熱油鍋，
倒入麵糊，雙面煎成金黃色即可。
+Cooking Tip
要等一面完全熟透後再翻面才不易
散掉，煎餅做小一點更容易翻面。

忘卻酷暑的夏季風味小菜
蘿蔔葉泡菜
열무김치

蘿蔔葉泡菜的特色是口感清脆，湯汁爽口。
對韓國人來說，隨著季節不同，吃的泡菜也不同，
因此泡菜也有多變的季節風景。
像《一日三餐》用蘿蔔葉泡菜做拌飯也不錯，煮湯也是一絕！

Ready 3L份量

必備食材
蘿蔔葉（1大把=2kg）、蔥（5
株）、紅辣椒（2根）

醃蘿蔔葉的鹽水
天然鹽（1½杯）、水（10杯）

高湯用鹽水
鹽（1杯）、水（2杯）

麵糊材料
馬鈴薯泥（2）、麵粉（4）、水
（6杯）
★也可用糯米粉或玉米粉取代麵粉。

調味醬
紅辣椒（6根）＋洋蔥（½個）＋蒜
頭（6瓣）＋辣椒粉（½杯）＋玉筋
魚露（2）＋蝦醬（1）＋梅汁（4）

#01

蘿蔔葉去除根部、剝除外皮，切成
容易入口大小；蔥切4cm小段；紅
辣椒切細。

#02

將蘿蔔葉放到醃蘿蔔葉的鹽水中醃
30分鐘，稍微翻動一下位置再醃30
分鐘，最後以清水充分洗淨。

+Cooking Tip
蘿蔔葉先醃過鹽水才不會有草腥
味，調味後也不會味道太淡。但要
注意若醃過久，水分會大量流失，
少掉清脆口感。尤其葉子要全部醃
到，莖要稍微保留。天氣熱時只要
醃30～40分鐘。

#03

鍋子中放入麵糊材料，以中火一邊
攪拌一邊煮至糊狀後放涼。

+Cooking Tip
如果手邊只有麵粉，1杯水就放1湯
匙麵粉。因為冷卻後會變更濃稠，
因此在煮到開始變稠時就可以熄火
了。

#04

將調味醬材料放到果汁機中攪碎。

+Cooking Tip
如果不容易攪碎，可加一點高湯用
鹽水幫助攪碎。

#05

將攪碎的調味醬和高湯用鹽水一起
倒入麵糊中，和蔥與辣椒混合。

+Cooking Tip
加入高湯用鹽水會讓醬汁濕潤且有
鹹味。吃起來感覺有點鹹，醃好時
味道才會剛好。

#06

放入蘿蔔葉輕輕拌勻，裝桶。

+Cooking Tip
盡可能放輕力道輕輕攪拌，不然會
有草腥味。雖然做好就能立刻吃，
但置於常溫室內一天後會更美味。

滿滿都是韭菜香
霜降牛肉拌韭菜
차돌박이부추무침

下雨的玉筍峰夏夜，
《一日三餐》的家人享受著一頓浪漫又成功的烤肉大餐。
酸辣爽口的涼拌韭菜搭配滑嫩好入口的霜降牛肉，簡直就是夢幻組合。
有機會去旅行或露營時，強力推薦一定要吃吃看喔！

Ready 4人份

必備食材
嫩韭菜（1把=60g）、洋蔥（½
個）、霜降牛肉（500g）、芝麻
（少許）

調味醬
糖（0.5）＋辣椒粉（1.5）＋醋
（1.5）＋醬油（0.7）＋蒜末
（0.5）＋梅汁（1）＋香油（0.5）

#01

嫩韭菜切成5cm小段；洋蔥切絲。

+Cooking Tip

嫩韭菜是比一般韭菜細的韭菜，口
感嫩、香氣較淡不刺激。如果喜歡
香氣重一點，也可以用一般韭菜。

#02

中火熱鍋，不需加油，直接放上霜
降牛肉煎熟。

+Cooking Tip

霜降牛肉煎到正反兩面沒有血水即
可，因為會大量出油，中途要用廚
房紙巾擦掉鍋內的多餘油脂。

#03

韭菜和洋蔥裝碗，放入調味醬輕輕
拌勻，灑上芝麻。

+Cooking Tip

在調味醬中加入一點芥末醬也不
錯。

#04

將霜降牛肉和拌好的韭菜一起裝
盤。

絕對正宗！留學生的懷念滋味

美式早餐

에메리칸 breakfast

玉筍峰上的家人都有留學海外的日子，
因此有時會以西式早餐做為一天的開始。
有了玉主廚用火爐親自做的培根肉，
當然就想要來頓豐盛的美式早餐囉！
豪華程度可不輸高級飯店呢！

Ready 2人份

必備食材

馬鈴薯（2個）、培根（4片）、雞蛋（4個）

選擇性食材

奶油（1.5）、牛奶（4）、巴西利粉（少許）

★若以鮮奶油代替牛奶，口感更溫潤，味道更香濃。奶油要先拿出來放在室溫中變軟再使用。

調味料

鹽（0.1）

#01

馬鈴薯放到鍋中，倒水淹過馬鈴薯，煮熟至能以筷子輕鬆戳進去的程度。

+Cooking Tip

節目中是削皮後切塊煮，但這樣會讓馬鈴薯風味流失到水中，且變得軟爛，反而失去美味。

#02

將煮好的馬鈴薯剝皮後弄碎。

#03

在馬鈴薯冷卻前，放入奶油（1.5）、牛奶（4）和鹽（0.1）混合。

+Cooking Tip

馬鈴薯一定要趁熱加入奶油和牛奶攪拌均勻，冷卻後的口感才會柔軟順口。也可加入醃過的黃瓜或綠花椰菜等。

#04

中火熱油鍋，放入培根煎至焦脆。

#05

用廚房紙巾稍微擦一下鍋子，打入雞蛋煎成太陽蛋。

+Cooking Tip

趁蛋白呈現不透明狀、蛋黃還沒熟前，在鍋邊加水（1.5）並蓋上鍋蓋靜置2分鐘，就能完成滑嫩的太陽蛋了。

#06

將煮好的食材都擺盤，灑上巴西利粉即可。

清爽夏日好滋味
蘿蔔葉佐大麥拌飯
열무보리비빔밥

玉筍峰的夏天熱到連鐵鍋也流汗了，
因為太熱而沒有胃口的《一日三餐》眾人，
大麥飯加上清脆蘿蔔葉泡菜，清爽又開胃，
最適合沒有胃口又不想做飯的日子，
和家人一起享用簡單好做的拌飯，
不僅增進感情，還能戰勝炎熱的酷暑。

Ready 2人份

必備食材
大麥（½杯）、米（½杯）、蘿蔔
葉泡菜（1杯）

選擇性食材
雞蛋（2個）

調味醬
辣椒醬（2）、香油（1）

#01

大麥與米洗淨、浸泡30分鐘後，加
水（1½杯）煮熟。
+Cooking Tip
大麥分為整顆大麥、裸麥、押麥和
麥片等，其中裸麥、押麥和麥片可
直接和米一起煮，但整顆大麥一定
要泡水後才能和米一起煮。

#02

蘿蔔葉泡菜切成容易入口大小。

#03

中火熱鍋，倒入油（2）煎成半熟
蛋。

#04

大麥飯裝碗，放上蘿蔔葉泡菜和雞
蛋，淋上辣椒醬（2）和香油（1）
拌勻。

以菜換肉的交易模式大成功
馬鈴薯豬骨湯
감자탕

農田終於迎來蔬菜大豐收，
眾人用以物易物的方式成功換到了肉和鍋子，
決定要做馬鈴薯豬骨湯打牙祭。
本書要教大家的是比節目中更簡單的料理方法喔！

Ready 4人份

必備食材
豬龍骨（1kg）、馬鈴薯（3個）、
菜乾（½把）、小白菜（1把）

選擇性食材
燒酒（½杯）、整顆胡椒（0.3）、
蔥（20cm）

調味醬
辣椒粉（4）+清酒（2）+醬油
（1.5）+蒜末（2）+弄碎的蝦醬
（2）+大醬（2）+辣椒醬（2）+胡
椒粉（少許）

調味料
鹽（0.3+少許）、紫蘇粉（適量）、
糯米粉（2）

#01

鍋中倒入水和燒酒（½杯）淹過豬
骨，浸泡4小時，中間要持續換水3
～4次，除去血水。

+Cooking Tip

豬骨的血水一定要充分去除，才不
會有腥味。

#02

馬鈴薯切大塊；煮過的菜乾切2～3
等份。

#03

小白菜加滾水（5杯），放鹽（0.3）
汆燙後，過冷水、瀝乾，切成2～3等
份。

#04

鍋中再次加水到能淹過豬骨的份
量，先放入整顆胡椒（0.3）與蔥，
煮滾後，再放豬骨汆燙5分鐘撈起。

+Cooking Tip

汆燙過的豬骨上若黏有分泌物或塊
狀物，可先在流水中洗淨。

#05

鍋中放入豬骨、馬鈴薯、菜乾和小
白菜，加入調味醬，倒入可淹蓋食
材的水量，以中火熬煮。

#06

煮至豬肉變軟爛、馬鈴薯熟透後，
加紫蘇粉和糯米粉（2）與湯汁混
合，不夠鹹再以鹽加強調味。

+Cooking Tip

在湯中加入糯米粉能增加湯的濃稠
度，調味醬風味也更濃醇。可先用
小碗舀出一些湯汁，加入糯米粉調
勻後再倒入湯中，較不易結塊。

我可是學過料理的男人

霜降牛肉大醬鍋

차돌박이된장찌개

曾在韓國料理大師白種元的美食節目中學過料理的「白派」弟子——孫浩俊來了！
果然不負眾望，料理手藝讓大家讚不絕口，
甚至被稱讚是《一日三餐》開播以來最好吃的大醬鍋。
這麼好吃的食譜當然不能藏私囉！

Ready 4人份

必備食材

霜降牛肉（200g）、白蘿蔔（1塊
=150g）、馬鈴薯（1個）、青陽辣
椒（1根）、蔥（10cm）

選擇性食材

櫛瓜（⅓條）、乾淨洗米水（4杯）

調味料

糖（0.5）、蒜末（1）、大醬（3）、
辣椒醬（1）

#01

霜降牛肉切厚片。

#02

白蘿蔔切細絲；馬鈴薯和櫛瓜切成
一口大小；青陽辣椒和蔥切細。

+*Cooking Tip*

白蘿蔔若逆紋路切，煮的時候容易
爛，湯也會變得混濁。因此白蘿蔔
一定要順著紋理切。

#03

開小火，將霜降牛肉炒到變白後，
放入白蘿蔔和馬鈴薯，以中火再炒
2分鐘。

+*Cooking Tip*

不要一直攪拌，否則白蘿蔔容易碎
掉，湯會變濁。

#04

倒入乾淨洗米水，放入櫛瓜和調味
醬熬煮。

+*Cooking Tip*

可用昆布小魚乾高湯取代乾淨洗米
水，也可省略馬鈴薯和櫛瓜，放入
大量白蘿蔔也很好吃。

#05

等到蔬菜變軟熟透，放入青陽辣椒
和蔥，再次煮滾即可。

酸酸甜甜的粉色光澤

酸黃瓜

피클

韓國人的餐桌上如果沒有泡菜，就好像少了什麼似的，
而西式餐點中絕對不能少的就是酸黃瓜了。
因為玉筍峰上的甜菜根長得很好，
就用來做一道充滿西洋風味的小菜吧！
在酸黃瓜中加入甜菜根，
湯汁變成漂亮的粉紅色，為餐桌增色不少呢。

Ready 1L份量

必備食材
小黃瓜（1根）、甜菜根（½個=500g）

酸黃瓜湯汁
糖（1杯）＋醋（1½杯）＋水（1½杯）

#01

小黃瓜切成厚圓片狀。

#02

甜菜根削皮，切成一口大小塊狀。
+Cooking Tip
甜菜根顏色重且易染色，切好後要
立刻清洗砧板，最好也戴上塑膠手
套預防染色。

#03

玻璃瓶消毒，裝入黃瓜和甜菜根。

#04

把酸黃瓜湯汁材料一起放入鍋中，
以中火煮到糖融化。

#05

熱的酸黃瓜湯汁倒入玻璃瓶中，放
涼到微溫後再蓋上蓋子，放到冰箱
靜置2～3天。
+Cooking Tip
在蔬菜上直接倒入熱湯汁，蔬菜口
感反而會更清脆。但注意不要熱熱
的就蓋上蓋子，否則蔬菜會軟掉。

新鮮製成的夢幻醬料

番茄肉醬義大利麵

토마토스파게티

《一日三餐》的眾人使用新鮮番茄
做成酸甜新鮮的番茄醬料，
如果大家吃到這個天然風味，
一定會非常驚訝於它的美味喔。

Ready 2人份

必備食材
洋蔥（½個）、蒜頭（2瓣）、
番茄（2個）、牛肉絞肉（½杯
=100g）、義大利麵（2把=200g）

選擇性食材
羅勒（少許）

調味料
橄欖油（2）、胡椒粉（少許）、
鹽（0.6）

#01

洋蔥、蒜頭與羅勒切末。
+Cooking Tip
也可用香草粉（羅勒粉、巴西利
粉）或乾月桂葉取代新鮮羅勒。

#02

在番茄底部劃十字，放入滾水中氽
燙15秒後撈出。

#03

立刻把番茄放入冷水中剝皮，然後
切丁。

#04

中火熱鍋，放入橄欖油（2），放
入牛絞肉、胡椒粉拌炒。

#05

待牛肉外表熟了後，放入切末的蔬
菜，炒到番茄出水後加鹽（0.1），
再煮3分鐘。
+Cooking Tip
如果想要像市售番茄肉醬的濃稠
口感，可以放番茄膏（tomato
paste），但其味道較酸，需炒到酸
味消失後再放入番茄丁。

#06

在鍋中放滾水（5）加鹽（0.5），
煮義大利麵約8～10分鐘後，撈出
麵條，放入醬汁中拌炒入味。

真正的主廚駕到！
歐式風味烤雞
로스트치킨

在美食節目中大放異彩的洪錫天主廚來囉！
果然《一日三餐》的料理也跟著升級不少，
只不過在雞肉外皮抹上鹽味奶油，
連雞胸肉都變得鮮嫩多汁、外酥內軟！

Ready 4人份

必備食材
雞（1隻=1kg）、檸檬（1個）、紫蘇葉（10片）

選擇性食材
馬鈴薯（1個）、茄子（1根）、紅蘿蔔（1根）

鹽味奶油材料
蛋白（4個份量）、糖（3）、粗鹽（1杯）

調味料
鹽（0.3）、胡椒粉（少許）、黃芥末（4）、橄欖油（4）、香草葉碎末（少許）、蒜末（1）、奶油（5）
★可用乾燥香料粉取代新鮮香草。

#01

雞切去脖子、屁股和翅膀等部位，洗淨後輕輕拭去水分，在比較厚的地方劃幾刀，抹上鹽（0.2）、灑上胡椒粉。

#02

馬鈴薯、茄子和紅蘿蔔切大塊；檸檬（½個）切成4等份。

#03

將蔬菜和檸檬塞進雞肚子中，以牙籤串起固定，不要讓蔬菜跑出來。
+Cooking Tip
討厭酸味的話，可以不要放檸檬。

#04

將黃芥末（4）、橄欖油（2）、香草葉碎末、蒜末（1）混合後，塗抹在雞的表面。

#05

在剩下的蔬菜中放入橄欖油（2）、鹽（0.1）和胡椒粉，混合均勻。

#06

蛋白中放糖（3）一直打到起泡，加粗鹽（1杯）攪拌均勻。

#07

先將紫蘇葉（10片）覆蓋在雞表面，然後抹上一層鹽味奶油。

#08

將雞和蔬菜放在烤盤上，放進預熱200℃的烤箱中烤40分鐘，

#09

取出蔬菜，打破奶油鹽層，在烤雞上擠檸檬汁（½個），抹上奶油（5）後，再放入180℃烤箱中烤15分鐘。

吃一口就彷彿置身泰國清邁

泰式炒飯

태국식볶음밥

只是一個簡單的料理，
頓時讓玉筍峰的小庭院變成泰國清邁的度假村了。
洋溢著泰國風情的泰式炒飯，
實際跟著做就會發現一點都不難喔！

Ready 2人份

必備食材

珠蔥（4株）、洋蔥（⅓個）、牛絞肉（⅔杯=100g）、飯（2碗）、乾蝦仁（⅓杯）

選擇性食材

紅蘿蔔（⅓根）、紅蔥（1個）

調味料

辣椒粉（0.2）、蒜末（0.7）、魚露（0.5）、胡椒粉（少許）、奶油（1）、香油（少許）

#01

珠蔥切成5cm小段；洋蔥切絲；紅蘿蔔切細丁；紅蔥切粗丁。

+Cooking Tip

搭配的食材可依個人喜好換成鳳梨或雞肉。

#02

用廚房紙巾按壓掉牛絞肉的血水。中火熱鍋，倒入油（1）炒牛絞肉。

#03

牛絞肉熟了後，放入洋蔥、紅蘿蔔和紅蔥，加上除了奶油和香油之外的所有調味料一起拌炒。

+Cooking Tip

紅蔥和洋蔥相似，不過體積較小，味道較甜且溫和。也可以省略紅蔥，直接增加洋蔥份量。

#04

加入奶油（1）均勻拌炒。

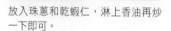

#05

放入珠蔥和乾蝦仁，淋上香油再炒一下即可。

+Cooking Tip

泰國炒飯的特色之一就是會加入泰式魚露，其以海鮮或魷魚加上鹽和水發酵製成。若手邊沒有泰式魚露，可用玉筋魚露代替，也可省略，直接用鹽調味。

夏夜的甜蜜好滋味
西瓜甜酒
수박주

看著《一日三餐》在旌善的小庭院中做出各種料理，
大家一定也會興起「我也想跟著做做看」的興奮吧？
尤其這道西瓜甜酒，絕對是想要嘗試的料理前幾名！
來上一杯，令人煩燥的暑氣馬上就一掃而空！

Ready 5杯份量

必備食材
西瓜（½個）、燒酒（4杯）

選擇性食材
冰塊（少許）

調味料
蜂蜜（3）

#01

用湯匙挖出西瓜果肉。
+Cooking Tip
要先將西瓜蒂頭切平，才不會東倒
西歪，也更容易挖。西瓜皮不要丟
掉，可當作擺盤裝飾。

#02

西瓜放入碗中，加入燒酒（4杯）
和蜂蜜（3）均勻混合。

#03

放入冰塊就完成囉！
+Cooking Tip
完成後要稍微放一下，讓西瓜的味
道釋放出來。想要西瓜香氣和味道
更濃郁，可用果汁機將西瓜和燒酒
一起攪勻。

梨泰院首席主廚的美式菜單
手工漢堡 & 炸薯條
수제햄버거와 감자튀김

看著梨泰院首席主廚洪錫天在庭院裡準備手工漢堡的模樣，
無論視覺或聽覺都是一大享受。自己在家做時，
漢堡排可以多做一些冷凍保存，隨時想吃就可以拿出來料理了。

Ready 4人份

手工漢堡
必備食材
蔥（10cm）、洋蔥（¾個）、蒜頭（2瓣）、高麗菜（4片=100g）、番茄（1個）、豬絞肉（1杯）、牛絞肉（3杯）、漢堡麵包（8個）

醬料材料
橄欖油（2）、洋蔥末（¼個份量）、水（3）、黑糖（1）、辣椒粉（0.2）、蠔油（1）、番茄醬（3）

調味料
辣椒粉（0.3）、鹽（0.2）、胡椒粉（0.1）

#01

蔥、洋蔥與蒜頭切末；高麗菜切細絲；番茄切圓片。

#02

平底鍋中放橄欖油（2），中火炒洋蔥末（¼個份量）和蒜末，放入其他醬料材料拌炒後，盛起備用。

#03

中火熱鍋，倒入油（0.5），放豬絞肉、蔥末、辣椒粉（0.3）、鹽（0.2）和胡椒粉（0.1）拌炒。
+Cooking Tip
豬肉必須全熟，可好另外炒好再放入。

#04

牛絞肉中放入炒好的豬肉、洋蔥末（¾個份量），均勻混合後，捏成比麵包略大的圓形。
+Cooking Tip
因為煎肉排時中間會突起，因此肉排形狀要捏成中間稍微凹陷一點。

#05

中火熱鍋後，倒入油（2），把肉排煎至兩面金焦黃即可。
+Cooking Tip
如果肉排比較厚，煎時可蓋一下鍋蓋，讓肉排裡面也熟透且保持多汁。

#06
麵包對切，依序擺上高麗菜絲、肉排，淋上醬料再放上番茄，最後再蓋上麵包即可。
+Cooking Tip
也可放上煎蛋和起司。

Ready 4人份

炸薯條

必備食材
馬鈴薯（3個）

選擇性食材
奶油（1）、迷迭香（1株）

調味料
鹽（0.1）

#01

馬鈴薯放鍋中，加水淹過馬鈴薯，以中火煮。

#02

煮到能以筷子穿透一半就撈出，切成容易入口大小，瀝乾。

+Cooking Tip

馬鈴薯先煮過再炸比較快熟，但要確實瀝乾水分，否則炸時容易噴油。注意別把馬鈴薯煮到全熟，否則炸時容易黏在一起。

#03

油（3杯）加熱至170℃，放入奶油（1），再放入馬鈴薯炸至呈金黃色後，放入迷迭香。

+Cooking Tip

這是為了能讓迷迭香的香氣充分包覆在薯條上，也可以省略迷迭香。加入奶油後，薯條較易上色也易焦，所以馬鈴薯要先煮到半熟再炸。

#04

將炸得金黃的薯條放在廚房紙巾上吸去多餘油脂，灑上鹽（0.1），和漢堡一起裝盤。

隨時都能做的好吃泡菜

小黃瓜夾心泡菜
오이소박이

旌善水好空氣好，蔬菜也長得頭好壯壯，
這次用的黃瓜太大了，又塞入了滿滿韭菜餡料，
變成「大」黃瓜夾心泡菜了，但是一樣好吃！

Ready 10人份

必備食材
小黃瓜（5根）、粗鹽（5）、韭菜
（1把）

麵糊水
麵粉（0.7）＋水（⅔杯）

調味醬
辣椒粉（8）＋糖（3）＋蒜末（2）
＋玉筋魚露（4）＋蝦醬（4）

#01

小黃瓜切成5cm小段，由上往下十
字對切，尾端保留約1cm不要切
斷；韭菜切成5cm小段。
+Cooking Tip
小黃瓜以粗鹽（2）搓一下，再用
水洗淨。

#02

鍋中放入粗鹽（3）和水（5杯），
煮滾後放入小黃瓜泡1個小時。
+Cooking Tip
小黃瓜先在熱水中泡過，做成泡菜
後才不會變軟爛。切過的小黃瓜不
會彎曲，變彎時就代表醃好了。

#03

鍋中放入麵糊水，以中火煮至變濃
稠後，熄火靜待冷卻。

#04

麵糊水中放入調味醬，均勻混合
後，放入韭菜拌勻。
+Cooking Tip
加入麵糊水能加速小黃瓜夾心泡菜
熟成，也很適合當作有湯水的泡菜
吃。

#05

將做好的泡菜填料夾到小黃瓜中，
裝入密閉容器，在常溫室內放半天
熟成後，即可放入冰箱保存。
+Cooking Tip
黃瓜很容易變軟，較難長久保存，
在炎熱的夏天，建議只要做當下要
吃的量即可。夾心填料也可加上洋
蔥，口感更清脆爽口。

淋醬吃、沾著吃，都好吃！

韓式 糖醋肉
탕수육

王牟飯店開張！金光全挑大樑挑戰韓式糖醋肉，
歷經 4 次電話求救，加上與三位助理主廚共同合作，
終於完成了最棒的味道，果然實力不凡！

Ready 2人份

必備食材
豬肉（腱子肉或里肌）（250g）、
紫色高麗菜（2片）、紅蘿蔔（¼
根）、小黃瓜（⅓根）、太白粉
（½杯）

選擇性食材
洋蔥（¼個）、罐裝鳳梨（1片）

醃料
鹽（0.1）、清酒（1）、胡椒粉
（少許）

醬料
糖（⅓杯）、醋（⅓杯）、醬油
（2.5）

勾芡水
太白粉（0.5）＋水（1）

#01

豬肉切條狀，加入醃料拌勻。

#02

洋蔥和紫色高麗菜切絲；紅蘿蔔、
小黃瓜和鳳梨切成一口大小。

#03

在醃過的豬肉中加上太白粉拌勻。

+Cooking Tip

太白粉是讓料理新手也能零失敗的
料理法寶。雖然與厚皮炸衣比起來
少了點酥脆度，但口感柔和多汁。
如果沾上一次太白粉，肉還是濕潤
地黏在一起，可再多沾一次。

#04

油（3杯）加熱到180℃，放入裹上
太白粉的豬肉炸到呈金黃色。

+Cooking Tip

將木筷子放到油鍋中2～3秒後，若
筷子周邊起小泡泡，就是適當的溫
度。

#05

另起一鍋，放入糖（⅓杯）、醋
（⅓杯）、醬油（2.5）、水（1 ½
杯）、洋蔥和紅蘿蔔等，煮滾後放
入紫色高麗菜和鳳梨。

#06

倒入勾芡水，熄火後再放入小黃瓜
混合。將炸好的豬肉裝盤，醬料要
用淋的或沾的皆可。

+Cooking Tip

小黃瓜煮太久會變褐色，所以熄火
後才放。

這次是長灘島風味
蒜香炒飯
마늘볶음밥

經典韓劇《料理絕配 Pasta》
中的 Chef——李善均來啦！
這次要重現自己在菲律賓長灘島
旅遊時吃過的蒜味炒飯，
在玉筍峰真是遇見了世界各國的料理呢。

Ready 2人份

必備食材
紅辣椒（½根）、青辣椒（½根）、洋蔥（¼個）、蔥（15cm）、飯（2碗）、雞蛋（2個）

調味醬
糖（0.7）＋醬油（1）＋醋（2）＋玉筋魚露（0.5）

調味料
蒜末（1.5）、胡椒粉（少許）

#01

辣椒切細；洋蔥切丁；蔥切蔥花。

#02

調味醬中放入切好的辣椒與洋蔥。

#03

熱鍋倒油（2），放入蔥爆炒一下，再放蒜末（1.5）以中火炒20秒後，放入飯一起炒。

#04

飯炒好後，先推到一邊，在另一邊炒蛋，再與炒飯混合，灑上胡椒再稍微拌炒一下。

#05

將炒飯裝盤，與調味醬一起擺盤，吃的時候淋上。

香香濃濃，溫暖可口

玉米濃湯

콘수프

用自己採收的玉米，做出香濃可口的玉米濃湯。
節目中是把玉米粒搗碎，保留一些玉米粒口感。
本書將一半玉米粒打碎，另一半直接使用，
吃起來更香醇濃稠，富含咀嚼的口感喔。

Ready 2人份

必備食材

玉米粒罐頭（1罐=340g）、洋蔥（½個）、馬鈴薯（1個）、牛奶（1杯）

★將生玉米煮熟後撥下玉米粒使用，風味更佳。

調味料

奶油（1）、鹽（0.2）、胡椒粉（0.1）

#01

將玉米粒以濾網過濾掉多餘水分。

#02

洋蔥與馬鈴薯切細末。

#03

平底鍋中放入奶油（1），以中火炒洋蔥和馬鈴薯。

#04

待馬鈴薯邊邊變透明，加水（1½杯）煮熟。

#05

煮至馬鈴薯變軟到可以弄碎的程度時，放涼後，放入果汁機中，加入玉米粒（¾份量）和牛奶打勻。

#06

將攪好的玉米糊倒入鍋中，加鹽（0.2）和胡椒粉（0.1）調味，以中火一邊攪拌一邊煮到想要的濃度後，加入玉米粒（¼份量）即可。

+Cooking Tip

放牛奶煮很容易溢鍋，要注意經常攪拌。

奠定韓劇 Chef 地位的豪氣之作

香蒜橄欖油義大利麵

알리오올리오

來賓李善均號稱韓劇主廚的始祖，
今天他以拍《料理絕配 Pasta》的經驗，
還特地使用蒜頭、蕪菁和辣椒，
搭配出義大利國旗般的配色，
真是色香味俱全的完美義大利麵！

Ready 2人份

必備食材
義大利辣椒（Peperoncino）（5
根）、蒜頭（3瓣）、巴西利（1小
把）、義大利麵（2把）

調味料
鹽（0.5）、橄欖油（5）

#01

蒜頭切片；義大利辣椒和巴西利切
碎。

#02

鍋中倒入水（5杯），放鹽（0.5）
與橄欖油（2）煮滾後，放入義大利
麵煮8分鐘，撈起備用。煮麵水也留
一些備用。

#03

橄欖油（3）倒入平底鍋，放蒜頭和
義大利辣椒，爆香至蒜頭變黃。
+Cooking Tip
節目中也一起加入了乾燕菁，這樣
香氣會更濃。也可用青陽辣椒取代
義大利辣椒。

#04

放入煮好的麵條、巴西利與一些煮
麵水，均勻炒熟即可。
+Cooking Tip
放入煮麵水可讓麵的口感更濕潤。
煮麵水已經有調味，所以炒麵時可
不需再調味。此食譜也可根據自己
的喜好加入其他食材。

魅力李主廚的義大利麵第 2 彈！
白酒蛤蜊義大利麵
봉골레파스타

魅力李主廚的義大利麵廣受旌善的眾人好評，
因此馬上追加第 2 彈—白酒蛤蜊義大利麵！
香氣逼人且略帶辣味的湯汁真是一絕，
鮮美的蛤蜊湯汁，讓人一口接一口，停不下來啦！

Ready 2人份

必備食材

蛤蜊（2杯）、蒜頭（3瓣）、義大
利辣椒（5個）、巴西利（3把）、
義大利麵（2把）

調味料

鹽（1.3）、橄欖油（5）、白酒
（3）

#01

在大碗中放足夠的水、加鹽（1），
放入蛤蜊並以黑色塑膠袋或鋁箔紙
包覆，讓蛤蜊吐沙。

+Cooking Tip

蛤蜊非常易壞，吐沙時記得要放
在冰箱或陰涼處。

#02

蒜頭切片；義大利辣椒和巴西利切
碎。

#03

鍋中倒入水（5杯），放鹽（0.5）
與橄欖油（2）煮滾後，放入義大
利麵煮8分鐘，撈起備用。也留一
些煮麵水備用。

#04

橄欖油（3）倒入平底鍋，以中火
拌炒蒜頭和義大利辣椒，炒到蒜頭
變黃為止。

#05

將吐沙後的蛤蜊在水中用手搓乾
淨，瀝乾後放入鍋中，開大火，倒
入白酒（3）拌炒一下，蓋上鍋蓋。

#06

放入煮好的麵條和巴西利，加入一
些煮麵水，拌炒均勻即可。

跟味精說掰掰！
泡菜鍋
김치찌개

李善均 Chef 做起義大利麵時有模有樣，
煮泡菜鍋卻有些手忙腳亂呢。
最後居然借助了味精的力量才挽救了這道料理。
其實只要加一點點調味醬就可以了，到底怎麼做呢？
趕快一起學會吧！

Ready 4人份

必備食材
蔥（10cm）、洋蔥（½個）、豆腐（½塊＝150g）、老泡菜（¼個）、豬肉（150g）、乾淨洗米水（3杯）、泡菜湯汁（1杯）

調味醬
辣椒粉（1）＋糖（0.5）＋蒜末（0.5）

#01

蔥切片；洋蔥切絲；豆腐切厚片。

#02

老泡菜和豬肉切成一口大小。

#03

調製調味醬，和老泡菜一起拌勻。

#04

鍋中放入豬肉和調味好的老泡菜，以中火拌炒。

#05

倒入乾淨洗米水和泡菜湯汁煮10分鐘。

#06

放入洋蔥、豆腐和蔥再煮2分鐘即可。

泡菜與豬肉的完美相遇

泡菜辣炒五花肉

김치두루치기

賣出採收的玉米後，旌善家族成為富翁啦，決定開場烤肉派對！
吃完烤肉後，續攤就是泡菜炒五花肉，
可惜成色不夠漂亮，口感也不足，到底少了什麼呢？快來看看吧！

Ready 2人份

必備食材
五花肉（200g）、老泡菜（2杯）

調味料
辣椒粉（1）、辣椒醬（0.5）、芝麻（0.2）

#01

老泡菜和五花肉切成一口大小。

#02

大火熱鍋，放入五花肉快炒。

#03

放入老泡菜和辣椒粉（1）、辣椒醬（0.5），炒到泡菜變軟後，改中火繼續炒。

#04

炒熟後裝盤，灑上芝麻（0.2）即可。

+Cooking Tip
如果泡菜很酸，可以加一點糖調味。

4 個男人一起準備的早餐
瑪格麗特披薩
토마토루꼴라피자

據說好吃到連沈瞎子也會睜開眼睛，
轉眼間，一盤披薩就被解決得清潔溜溜了。
（註：韓國民俗故事《沈清傳》中，
沈清的父親是個瞎子，被稱為沈瞎子。）

Ready 2人份

必備食材

小番茄（4個）、莫札瑞拉起司（⅔杯）、芝麻葉（1把）、帕瑪森起司粉（適量）

麵糰材料

酵母粉（0.3）、高筋麵粉（1½杯=150g）、鹽（0.1）、橄欖油（2）

番茄醬料

洋蔥（¼個）、西洋芹（6cm）、生香草葉（少許）、蒜頭（2瓣）、番茄（2個）、橄欖油（2）、胡椒粉（0.1）

#01

水（½杯）中加入酵母粉，混合後加到麵糰材料中，揉麵糰到外表光滑為止，最後揉成一個圓球，以保鮮膜包覆醒麵。

+Cooking Tip

使用手泡進去時覺得溫暖的溫水（約38℃），能幫助醒麵。

#02

洋蔥、西洋芹、香草和蒜頭都切末；小番茄切2～4等份。

+Cooking Tip

在番茄醬料中加入香草，可增加香氣，或用香草粉取代新鮮香草葉，也可省略不加。

#03

番茄剝皮並弄碎，加入其他蔬菜和橄欖油（1）、胡椒粉（0.1）混合，以中火煮到呈現濃稠狀。

+Cooking Tip

在番茄底部以刀劃十字，放到滾水中汆燙，再泡到冷水中，就能輕鬆剝下外皮。

#04

揉麵糰直到沒有氣泡後，用擀麵棍將麵糰擀平。

#05

用叉子在麵皮上戳幾個洞，抹上番茄醬料，灑上莫札瑞拉起司，再放上小番茄。用預熱200℃的烤箱烤20分鐘。

#06

取出烤好的披薩，放上芝麻葉，灑上帕瑪森起司粉就OK囉！

+Cooking Tip

若沒有芝麻葉，可用嫩葉菜類或沙拉用蔬菜代替，同樣有清脆口感。

好吃到停不下來
麻藥玉米
마약옥수수

聽過又鹹又辣卻香氣逼人的麻藥玉米嗎？
這道韓式小吃起源於首爾的弘大地區，
現在不用跑去弘大，在家也可以自己動手做！
包你像吃了藥一樣，是令人上癮的美味啊！

Ready 2個份量

必備食材
水煮玉米（2根）

調味料
奶油（1.5）、糖（1.5）、美奶滋
（1.5）、帕瑪森起司粉（½杯）、
辣椒粉（少許）、巴西利粉（少許）

#01

鍋中放入奶油（1.5）、糖（1.5）、
美奶滋（1.5）融化後，放入水煮玉
米，用中火煮。

+Cooking Tip
玉米如果太長可以對切，便於放入
鍋中。

#02

撈起玉米，均勻沾上帕瑪森起司粉
後，再灑上辣椒粉和巴西利粉即
可。

+Cooking Tip
若要做成方便小孩吃的點心，可用
玉米粒混合奶油、糖和美奶滋煮過
後，灑上帕瑪森起司粉。但要注意
這道料理冷了會變硬，一定要趁熱
吃。

吃下一口滿滿蔬菜
咖哩飯
카레라이스

朴信惠之前來《一日三餐》作客，
大受旌善眾人與觀眾喜愛，
因此再度邀請美麗的她來到玉筍峰。
為了表示盛大歡迎，
從準備的食材到裝盛的盤子都相當用心唷！

Ready 3人份

必備食材

紅辣椒（1根）、青辣椒（1根）、
彩椒（1個）、馬鈴薯（1個）、
紅蘿蔔（½根）、咖哩用豬肉
（200g）、飯（3碗）

選擇性食材

罐裝玉米粒（⅓杯）、雞蛋（3
個）

調味料

咖哩粉（⅔包=80g）

#01

辣椒切1.5cm寬；馬鈴薯、紅椒與
紅蘿蔔切1.5cm立方塊狀。

+Cooking Tip

要一起煮多種蔬菜時，最好切成相
似大小，吃起來方便又美觀。

#02

中火熱鍋後倒入油（2），拌炒豬
肉至外表熟了後，加入馬鈴薯和紅
蘿蔔一起炒。

#03

炒至馬鈴薯邊邊變透明，加入水
（4杯），煮到蔬菜都熟透，倒入
咖哩粉。

+Cooking Tip

咖哩煮太久顏色會變深且越來越濃
稠，若有需要煮很久才會熟的蔬
菜，最好先另外燙熟再加入咖哩
中。

#04

放入辣椒、彩椒，煮到醬汁變濃稠。

#05

平底鍋中倒入油（2），煎荷包蛋。

#06

將飯和咖裡裝盤後，擺上荷包蛋即
可。

麵包王最後一個烘焙作品

歐風堅果鄉村麵包

캄파뉴

由旌善的家人一起動手搭建好的火爐，
陪伴大家度過了一個美味滿滿的夏天。
因為這個火爐，瑞精靈成為麵包王，
這次居然還讓大家吃到了近乎完美的歐風堅果鄉村麵包！

Ready 18cm，一個份量

必備食材

高筋麵粉（4杯）、酵母粉（0.5）、
鹽（0.3）、蜂蜜（1.5）、水（1⅓
杯）、碎堅果（⅔杯）

選擇性食材

防沾黏用麵粉（適量）

#01

#02

將除了堅果的所有材料揉成麵糰，
靜置10分鐘後，再將堅果揉進麵糰。

以保鮮膜包覆麵糰，在上面戳2～3
個洞，醒麵至麵糰膨脹2倍大為止。

#03

#04

#05

以手輕輕按壓麵糰消除氣泡，揉
成外皮光滑的圓球，進行第2次醒
麵。

等麵糰再變成2倍大時，灑上一些
防沾黏用麵粉，以刀子切出如圖片
中形狀。

+Cooking Tip
先灑上防沾黏用麵粉再用刀切出形
狀，麵糰才不會黏住或變形。

烤箱預熱220℃，放入麵糰，在旁
邊放一個裝水的碗，烤20分鐘即
可。

充滿回憶的熱呼呼口感
馬鈴薯可樂餅
감자크로켓

朴信惠是《一日三餐：旌善篇第 2 季》的
第一個、也是最後一個來賓，
象徵節目有頭有尾。
只要信惠在，大家都吃得好豐盛啊！
這次也用玉筍峰的馬鈴薯和玉米
做出了可口的點心唷。

Ready 7個份量

必備食材

馬鈴薯（2個）、洋蔥（¼個）、
火腿（½杯＝70g）、罐裝玉米粒
（3）、麵粉（½杯）、雞蛋（1
個）、麵包粉（1杯）

調味料

美奶滋（3）、鹽（0.1）、胡椒粉
（0.1）

#01

鍋中放入馬鈴薯，水加到能覆蓋馬
鈴薯，煮到能以筷子穿過馬鈴薯為
止。

#02

洋蔥和火腿切細末。

+Cooking Tip

也可用牛絞肉取代火腿，用地瓜或
南瓜代替馬鈴薯。

#03

中火熱鍋後，倒入油（1），放入
洋蔥和火腿拌炒。

+Cooking Tip

裡面的材料要炒過再放進去，才容
易捏成糰，也不易散掉。炒過可讓
水分消失，炸的時候才不會噴油。

#04

將煮好的馬鈴薯剝皮弄碎，放入剛
剛炒過的材料，與調味料一起混
合。

#05

捏成圓柱狀，依序裹上麵粉→蛋液
→麵包粉。

+Cooking Tip

沾完麵包粉後稍微放一下再炸，可
維持內裡濕潤，外皮不會燒焦。

#06

放入油（3杯）預熱至180℃，炸到
呈金黃色即可。

+Cooking Tip

因為都是煮熟的食材，所以不需炸
太久，只要呈金黃色就可以撈出
來。

特別的泡菜
番茄泡菜
토마토 김치

韓國人的餐桌上絕對少不了泡菜，
不過吃膩了那幾種組合，
有時候用特別的食材來做泡菜，
別有一番滋味呢！

Ready 2人份

必備食材

白蘿蔔（½塊＝70g）、番茄（1個）、洋蔥（½個）、韭菜（½把）

調味料

辣椒粉（2）、鹽（0.1）、糖（1）、魚露（1.5）、芝麻（1）

#01

番茄切成6～8等份；白蘿蔔和洋蔥切成細絲；韭菜切成和洋蔥相同長度。

+Cooking Tip

建議使用新鮮且結實的番茄，不要太熟的番茄，這樣做起來方便，口味也較好。

#02

在大碗中放入白蘿蔔、辣椒粉（2）、鹽（0.1）均勻混合後，將剩下的調味料放入拌勻。

+Cooking Tip

為了讓泡菜看起來更好吃，因此先將白蘿蔔和辣椒粉混合上色，再放其他調味料。

#03

放入洋蔥拌一下，再放入韭菜拌一下。

+Cooking Tip

要像節目中一樣，先放入白蘿蔔和洋蔥，最後才拌韭菜，韭菜才不會變軟。

#04

將番茄放入混合即可。

+Cooking Tip

番茄泡菜冰過後最好吃！

旌善最後的晚餐
香煎嫩豬排
돼지갈비

在玉筍峰的最後一天，
當然要用最奢華的晚餐做完美 ending。
今天晚餐的主角就是豬排，
光聽到豬排在烤盤上滋滋作響的聲音，
就連心頭都暖暖的，感覺變幸福了呢！

Ready 4人份

必備食材
蔥（15cm）、豬頸肉（5片=500g）

調味醬
水梨（¼個）＋洋蔥（¼個）＋
醬油（6）＋味醂（1）＋生薑汁
（0.3）＋蒜末（1）＋蜂蜜（1）＋
香油（1）＋胡椒粉（0.1）

#01

水梨和洋蔥磨成泥，與調味醬材料
混合。

#02

蔥切片；豬排上輕輕劃網狀刀。

#03

將豬排放到調味醬中，再放入冰箱
中醃半天入味。
+Cooking Tip
調味醬中加了水梨和洋蔥泥，即使
醃很久也不怕過鹹。可用蘋果、奇
異果、鳳梨或蔥取代水梨和洋蔥。
尤其是奇異果和鳳梨富含酵素，可
讓肉質變軟，效果比水梨更好。

#04

豬排放到平底鍋中，大火煎至呈金
黃色。

#05

倒入剩下的調味醬，煮至湯汁變少
後，加入蔥即可。
+Cooking Tip
剩下的調味醬可以像節目一樣，加
入韓國冬粉煮熟。

大口吃肉時少不了的好夥伴

涼拌洋蔥韭菜

양파부추무침

在韓國，只要到烤肉店，
一定會出現這道經典配菜！
這裡要教大家兩種不同口味的做法。

Ready 4人份

必備食材
洋蔥（1個）、韭菜（1把）

醬味 調味料
糖（0.5）＋醋（0.7）＋醬油（2）＋芥末（0.1）＋小辣椒（0.1）＋水（3）

辣味 調味料
辣椒粉（3）＋糖（1）＋醬油（2）＋醋（0.7）＋香油（0.5）＋碎芝麻（0.2）

#01

洋蔥切細絲，在冷水中浸泡10分鐘後撈出。
+Cooking Tip
泡冷水是為了消除洋蔥的嗆味。

#02

韭菜切成與洋蔥一樣的長度。

#03

分別調製出醬味和辣味的調味醬。

#04

將洋蔥和韭菜混合後，分裝成2個碗，加入不同的調味醬拌勻即可。

CHAPTER 3

華麗再升級的漁夫美味

晚才島篇

香脆好吃，簡單易做
韭菜煎餅
부추전

再次回到晚才島的一家人，第一天剛抵達，
沒有什麼食材，就簡單用韭菜做了韭菜煎餅，
一樣香脆好吃，車珠媽的手藝可是更上一層樓了呢！
知道韭菜煎餅好吃的祕訣是什麼嗎？答案就是麵糊！

Ready 2人份

必備食材
韭菜（1把）、洋蔥（¼個）

選擇性食材
紅蘿蔔（⅙根）

麵糊材料
水（1杯）、鹽（0.2）、中筋麵粉
（1杯）

醋醬油
醬油（1）＋醋（0.3）＋水（1）

#01

水（1）中放入鹽（0.2）溶化後，
放入麵粉（1杯）攪拌成麵糊。
+Cooking Tip
必須充分攪拌至少5分鐘，麵糊才
會Q彈有嚼勁。

#02

韭菜切成容易入口長度；紅蘿蔔和
洋蔥切細絲。

#03

在麵糊中放入韭菜、洋蔥與紅蘿
蔔，均勻混合。
+Cooking Tip
放入蔬菜後不要過度攪拌，才能保
留蔬菜口感。

#04

調製醋醬油。

#05

中火熱油鍋，加入足夠的油，倒入
拌好的麵糊舖平成薄餅狀，煎至雙
面金黃後，與醋醬油一起擺盤。
+Cooking Tip
要等油夠熱再放入麵糊。

高蛋白營養小菜
滷鵪鶉蛋
메추리알장조림

暴風雨來襲的晚才島，大夥快手快腳準備餐點，
時間緊迫的時候，只要用鵪鶉蛋、尖椒、蒜頭，
就能快速完成營養滿分的小菜。

Ready 6人份

必備食材
尖椒（12根）、鵪鶉蛋（2盤=40
個）、蒜頭（5瓣）

調味料
鹽（1.5）、醋（1）
★煮鵪鶉蛋時加入鹽和醋，能防止
蛋白漏出，也比較好剝殼。

調味醬
糖（1.5）＋醬油（⅓杯）
★也可加入味醂（1）或清酒（1），
口味更甘醇。

#01

尖椒洗淨摘除蒂頭，用牙籤在尖椒
上戳2～3個洞。
+Cooking Tip
在尖椒上戳洞可幫助均勻入味。

#02

鍋中放入鵪鶉蛋並加水淹過，加鹽
（1.5）和醋（1）煮滾後，轉中火
再煮8～10分鐘。
+Cooking Tip
節目中是將冷的鵪鶉蛋直接放到滾
水中，這樣殼很容易煮破掉。所以
應該在涼水時就放進去煮。

#03

鵪鶉蛋熟後，放入冷水中快速剝
殼。

#04

在鍋中加入水（1杯）、調味醬，
以中火煮剝好的鵪鶉蛋和蒜頭。

#05

蒜頭呈半熟時，加入尖椒，煮到調
味醬收到剩一半為止。
+Cooking Tip
節目中是同時放入鵪鶉蛋、蒜頭和
尖椒。這樣尖椒會煮得爛爛的，等
湯汁收到剩一半再放入尖椒，才能
吃到清脆口感。

整個胃都涼快了起來
水生魚片冷麵
물회소면

來到晚才島後，終於做出第一道海鮮料理——水生魚片冷麵。
新鮮現釣石斑魚、豐富蔬菜與麵線，加上車珠媽牌酸甜醬料，
雖然石斑魚個頭不大，大家還是吃得津津有味呢。

Ready 2人份

必備食材

昆布（1片=10×10cm）、番茄（1
個）、生菜（8片）、紅蘿蔔（¼
根）、生魚片用白肉魚（200g）、
麵線（2把）

選擇性食材

紅辣椒（1根）、青辣椒（1根）、
冰塊（適量）

調味醬

糖（2）＋辣椒粉（4）＋醋（5）＋
蒜末（1）＋辣椒醬（3）＋調味鹽
（少許）

★也可加入芝麻（0.3）、香油
（0.5）、芥末（0.5），會更美味。

#01

在碗中加冷水（3杯），放入昆布
泡30分鐘後撈出，備用。

+Cooking Tip

節目中是以白開水熬湯，但用昆布
做湯底，湯頭更美味。

#02

調製調味醬，並與昆布水（3杯）
混合。

#03

番茄切8等份；生菜每2片捲好後切
成粗絲；紅蘿蔔切絲；辣椒切片。

+Cooking Tip

可隨季節變化挑選不同蔬菜，如高
麗菜、洋蔥、小黃瓜與水梨等。

#04

魚肉切成略粗的條狀。

#05

在滾水（5杯）中放入麵線煮4分
鐘，在冷水中沖洗後瀝乾。

+Cooking Tip

麵線在水煮滾前要分2～3次加入冷
水（1杯），可防止溢鍋，且麵條
才會Q彈。

#06

將麵線裝碗，放上魚肉和蔬菜後，
淋上調味醬汁，加上冰塊即可。

+Cooking Tip

放入冰塊後，隨著冰塊融化，湯頭
會變淡。如果希望一直維持湯頭的
濃度，可在吃之前先將湯汁放到冷
凍庫中冰1～2小時，碎冰湯汁加在
麵線中，才是水生魚片麵真正美味
的精隨。

讓清純少年也愛上
什蔬刀切麵
맑은 칼국수

晚才島牌的刀削麵，
不論是做的人或是吃的人都呼嚕嚕地一口接一口，
來到晚才島就被騙好幾次的清純少年朴炯植，也完全淪陷了！

Ready 2人份

必備食材

櫛瓜（⅓個）、洋蔥（¼個）、馬鈴薯（½個）、蔥（7cm）、雞蛋（1個）

麵糰材料

麵粉（2杯）＋水（⅔杯）＋鹽（0.2）

高湯材料

高湯用小魚乾（10隻）、昆布（1片＝5×5cm）、洋蔥（½個）、蔥（10cm）

調味料

湯用醬油（1.5）

調味醬

辣椒粉（1）＋醬油（4）＋蒜末（0.5）＋青陽辣椒末（½個份量）＋香油（0.7）＋芝麻（0.2）＋胡椒粉（少許）

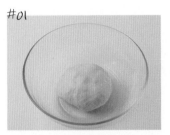

#01

在大碗中將麵糰材料混合揉成麵糰，揉到有彈性後，以塑膠袋包覆，放入冰箱中醒麵。

+Cooking Tip

放入冰箱中醒麵，麵條較不易斷。可先將鹽在水中調和，再和麵糰均勻混合。

#02

鍋中倒入水（5杯）和高湯材料，以中火煮15分鐘。

#03

櫛瓜、洋蔥與馬鈴薯切絲；蔥切片。

#04

麵糰醒好後，灑上一點麵粉防沾黏，以擀麵棍攤平，切成麵條。

#05

撈出高湯材料，加入湯用醬油（1.5）調味，放入馬鈴薯和麵條。

+Cooking Tip

為了讓食材充分入味，最好先以湯用醬油調味。煮麵前要將多餘的麵粉撢掉，湯頭才不會變濁。

#06

加入櫛瓜、洋蔥和蔥，煮滾後打個蛋花，和調味醬一起上桌。

香氣滿溢的晚才島風味
螺肉菜乾湯
우렁이시래기국

只要吃一口就忍不住讚嘆連連的菜乾湯，
好吃且營養滿分。但晚才島隨處可見的鮑魚螺，
其他地區很難買到，因此在這裡以螺肉代替，
但一樣美味得令人垂涎三尺！

Ready 4人份

必備食材
煮過的菜乾（1½把）、處理過的螺肉（⅔杯）、蔥（10cm）

高湯材料
高湯用小魚乾（15隻）、昆布（1片=10×10cm）、乾辣椒（1根）

調味料
辣椒粉（1）、大醬（3）

#01

鍋中放入水（5½杯）與高湯材料，以中火煮10分鐘。

+Cooking Tip
水滾後將昆布撈出，湯才不會混濁。

#02

菜乾切成一口大小，與辣椒粉（1）和大醬（3）均勻混合。

+Cooking Tip
節目中，大醬和醬料是一起煮，但菜乾要先調味較易入味，也才能和湯的味道融合。

#03

撈出熬高湯用食材，放入菜乾繼續煮。

#04

煮至菜乾變軟，放入螺肉再煮2分鐘。

#05

放入切好的蔥即可。

小孩一定超愛的點心
鮮魚可樂餅
생선크로켓

釣來的魚份量不夠，車珠媽靈機一動加入馬鈴薯做成鮮魚可樂餅，
真是高招！連口味和孩子一般的朴炯植也深深愛上。
本書特別加了晚才島中沒有使用的雞蛋，
讓可樂餅的香酥口感更上層樓。

Ready 4人份

必備食材

馬鈴薯（2個）、洋蔥（¼個）、
鱈魚乾（7片）、麵粉（1杯）、雞
蛋（1個）、麵包粉（1½杯）
★可用市售魚排取代鱈魚，但要小
心魚刺殘留，一定要仔細去除魚刺
再使用。

選擇性食材

玉米粒（⅓杯）、紅蘿蔔（¼根）

調味料

鹽（0.1）

沾醬

番茄醬（⅓杯）＋水（5）＋洋蔥末
（3）＋蠔油（1.5）＋蜂蜜（1）＋
奶油（2）

#01

馬鈴薯洗淨後放入鍋中，加水蓋過
馬鈴薯，煮熟後剝皮備用。

+Cooking Tip

要煮到筷子可以穿透，煮好的馬鈴
薯快速撈出，在水分蒸發前弄碎。

#02

過濾玉米粒的水分；紅蘿蔔和洋蔥
切末；魚切成2cm塊狀。

+Cooking Tip

所有材料都要瀝乾水分，水氣太多
可樂餅會變黏、容易散掉。若太濕
可加一點麵粉。

#03

在碗中放入處理好的材料，加鹽調
味後，捏成想要的形狀與大小。

#04

依序裹上麵粉→蛋液→麵包粉。

#05

熱油（3杯）至170℃，將可樂餅煎
得雙面金黃。

+Cooking Tip

適當的油溫就是放入木筷約3～4秒
後，木筷周邊有氣泡產生。

#06

另起一鍋，用小火熱鍋，放入沾醬
材料，一邊攪拌一邊煮到奶油融化
為止。和炸好的可樂餅一起裝盤。

漁村裡的輕洋食
馬鈴薯沙拉
감자샐러드

吃西餐時如果沒有馬鈴薯沙拉,那該有多空虛啊!
相信大家看了節目後,應該很惋惜節目中沒有播出馬鈴薯沙拉的做法吧?
現在就可以知道這口感滑順的馬鈴薯沙拉是怎麼做的囉!

Ready 2人份

必備食材
馬鈴薯（3個）、玉米粒（⅔杯）

調味料
鹽（0.2）、美乃滋（4）、胡椒粉
（少許）、乾燥荷蘭芹（少許）

#01

馬鈴薯洗淨後放入鍋中，加水蓋過
馬鈴薯，加鹽（0.1）用中火煮熟。

#02

煮至筷子可以穿透時，撈出馬鈴薯
放冷，剝皮弄碎。

#03

馬鈴薯泥中加入玉米和鹽（0.1）、
美乃滋（4）和胡椒鹽均勻混合，
灑上荷蘭芹即可。

+Cooking Tip
也可加入火腿、洋蔥、紅蘿蔔、綠
花椰菜和青椒等。

肥滋滋的魚加上特級醬料

辣燉比目魚

가자미조림

在晚才島的夏日海洋上，難得新手漁夫柳海真釣上超大石斑魚，
肉質肥美的石斑魚加上晚才島特級調味醬，真是好吃到停不下筷子。
本書使用韓國較常見的比目魚替代難取得的石斑魚，但在臺灣，
石斑魚較比目魚常見，大家也可根據個人喜好使用白帶魚、土魠魚或鯖魚。

Ready 2人份

必備食材

白蘿蔔（⅔塊）、洋蔥（½個）、蔥（10cm）、比目魚（1隻）

選擇性食材

青陽辣椒（1根）、紅辣椒（1根）

調味醬

辣椒粉（3.5）＋糖（1）＋醬油（3）＋清酒（1）＋蒜末（1）＋薑末（0.5）

#01

調製調味醬。

+Cooking Tip

清酒、蒜頭和生薑可去除魚腥味。添加大量辣椒粉的調味醬要事先做好，放醬料煮時才容易化開，且味道較好。

#02

白蘿蔔切大塊；洋蔥切4等份；蔥和辣椒斜切片狀。

#03

比目魚去頭去尾，去除鰭、鱗和內臟後，洗淨，切成2等份。

+Cooking Tip

節目中，車珠媽直接把整條魚放進去煮，但這樣較厚的部位不容易熟和入味，建議切塊煮比較好。

#04

白蘿蔔擺入鍋底，倒入足以覆蓋白蘿蔔的水，以中火熬煮。

#05

等白蘿蔔邊邊變透明，放入比目魚、洋蔥、青陽辣椒和調味醬。

+Cooking Tip

調味醬一半放在魚上，一半化在水中，魚肉更容易入味。

#06

一邊用湯匙將醬料澆蓋到比目魚上，煮到魚入味後，加上蔥和紅辣椒即可。

超級爽口的湯品～乾杯！

黃豆芽泡菜湯

김치콩나물국

只要有熟成的泡菜和蝦醬，
就能做出讓大家讚嘆、直呼爽口的黃豆芽泡菜湯，
這道料理簡單又開胃，相當適合當解酒湯唷。

Ready 2人份

必備食材
老泡菜（1½杯）、黃豆芽（1把）

高湯材料
昆布（1片=5×5cm）、高湯用小
魚乾（10隻）

調味料
蝦醬（0.7）

#01

鍋中放水（3½杯）以及高湯材
料，以中火熬煮，水滾後撈出昆
布。

#02

泡菜切成一口大小，黃豆芽洗淨、
擇淨。

+Cooking Tip
使用老泡菜風味才會好。豆芽尾端
和雜亂的部分要摘除才容易入味。

#03

撈出熬高湯食材，放入老泡菜熬
煮。

#04

煮至老泡菜變軟後，放入豆芽和蝦
醬（0.7）再煮4分鐘即可。

+Cooking Tip
放入泡菜湯汁一起煮，湯頭會更爽
口。若放泡菜湯汁，蝦醬的量要減
少。豆芽煮太久會變爛，記得最後
再放進去。

創意零食
酥炸昆布片
다시마튀각

晚才島的海邊到處都能採集到昆布，
一般都用昆布來熬高湯，這次晚才島家人們靈機一動，
做成創意十足的酥炸昆布片。口味鹹鹹又甜甜，
可當下酒菜的新奇零食，不知不覺一下子就吃光光了。

Ready 2人份

必備食材
昆布（2片=16×18cm）

調味料
糖（1.5）、芝麻（1）

#01

用乾淨的布或廚房紙巾將昆布的表面擦乾淨，剪成約4×6cm大小。
+Cooking Tip
要擦去昆布表面多餘的鹽分以免太鹹。若用水洗會讓營養流失，殘留的水分在下鍋炸時也容易濺油。

#02

平底鍋中倒入足夠的油，以中火加熱至180℃後，放入昆布酥炸。起鍋後以廚房紙巾吸去除多餘油脂。
+Cooking Tip
昆布炸太久會咬不動且產生苦味。因此要用比節目中更多的油、小量分次炸。測試油溫可放入一塊昆布1～2秒後，昆布變黃且膨脹浮起，或放木筷時周邊聚集很多氣泡就是ok了。請根據昆布的大小調整油炸時間。

#03

趁還未冷卻前灑上糖（1.5）和芝麻（1），輕輕混合即可。

夏天就是要吃下飯小菜
辣拌小黃瓜
오이무침

清爽的早晨，趁著煮辣豆芽湯的空檔，
就可以馬上完成的辣拌小黃瓜，讓晚才島一家人都開胃了！

Ready 2人份

必備食材
小黃瓜（1根）、蔥（10cm）、洋蔥（¼個）

選擇性食材
紅辣椒（1根）

調味料
辣椒粉（1.5）＋糖（0.7）＋醋（1）＋醬油（0.7）＋辣椒醬（1）＋香油（0.5）＋碎芝麻（0.2）
★本書特別添加芝麻和香油，味道更香也更好吃。

#01

小黃瓜對半剖開後切薄片；蔥和辣椒切細；洋蔥切細絲。

+Cooking Tip
因為是拌好就要馬上吃的小菜，如果切太厚味道會變淡。

#02

將小黃瓜和洋蔥放入大碗中，加入辣椒粉（1.5）拌勻。

+Cooking Tip
先加辣椒粉拌食材再調味，食材較容易上色。

#03

將剩下的調味醬與蔥、辣椒放入，再拌一下。

+Cooking Tip
剛拌好立刻吃會覺得有點鹹，但稍微放一下就會很入味了。不過記得別放太久，因為小黃瓜和洋蔥會出水，讓味道變淡。

用不同魚肉也超美味

涼拌酸辣鮪魚
참치초무침

今天的晚餐又再次讓眾人感嘆晚才島夏日海洋的豐富寶藏！
用自己抓的鯰魚做出令人想像不到的絕頂美味。
不過身處都市，想找到鯰魚實在有難度，不妨用能輕鬆買到的鮪魚代替吧。

Ready 2人份

必備食材

鮪魚（300g）、洋蔥（½個）、小黃瓜（½根）、紫蘇葉（5片）、生菜（4片）

調味醬

糖（2）＋辣椒粉（0.5）＋醋（3）＋蒜末（0.3）＋辣椒醬（4）＋香油（1.5）＋芝麻（0.5）

#01

鮪魚肉切成一口大小。

+Cooking Tip

若使用冷凍鮪魚，一定要完全解凍後才使用。

#02

調製調味醬。

#03

洋蔥和小黃瓜切絲；紫蘇葉和生菜切成一口大小。

#04

要吃之前再將鮪魚和調味醬拌勻即可。

迎賓的豪華湯品
螺肉大醬鍋
우렁된장찌개

車珠媽為了迎接晚才島的第一個來賓李陣郁，
超大氣地放入他們捕獲的豪華食材，
煮成晚才島獨一無二、海洋香氣十足的大醬鍋！
本書以螺肉取代晚才島的特產龜足，有嚼勁的湯料果然是人間美味！

Ready 2人份

必備食材
冷凍螺肉（1杯）、麵粉（3）、清酒（2）、馬鈴薯（1個）、洋蔥（½個）、櫛瓜（⅓個）、青陽辣椒（1根）、紅辣椒（1根）

選擇性食材
鴻喜菇（1把）

高湯材料
高湯用小魚乾（10隻）、昆布（1片=5×5cm）

調味料
辣椒粉（1）、蒜末（1）、大醬（2）、辣椒醬（0.5）

#01

鍋中放入水（4杯）與高湯材料，以中火煮沸後，轉中小火再煮10分鐘，撈出材料。

+Cooking Tip
車珠媽是將大醬和高湯材料一起煮，因為傳統大醬具有越煮越香濃的特性。若使用一般市售大醬，最好最後再加比較好吃，湯汁也不會混濁。

#02

螺肉用麵粉（3）和水（3）搓洗乾淨，在滾水中加入清酒（2），汆燙15秒後撈出。

+Cooking Tip
此步驟是為了消除螺肉的腥味。

#03

馬鈴薯和洋蔥切成一口大小；櫛瓜切成半月形；辣椒切細；鴻喜菇撕成易入口大小。

#04

高湯中放入馬鈴薯煮至邊邊變透明，加入調味醬一邊攪拌，注意不要結塊，之後放入洋蔥、嫩南瓜和螺肉，以中火再煮3分鐘。

+Cooking Tip
蔬菜要依軟硬程度依序放入，從硬的開始放，才能在相同時間熟透。調味醬先用濾網過濾一次再放更好。

#05

放入辣椒與鴻喜菇，稍微再煮一下即可。

誰不喜歡Q彈有勁的韓式冬粉？
韓式冬粉辣醬鍋
고추장당면찌개

發生突發狀況！大家肚子都餓了，家裡卻沒剩下什麼飯和小菜！
《一日三餐》家族用這個辦法解決飢餓危機——
辣醬鍋中加入豐富配料和韓式冬粉。
這道料理也很適合在很不想做早餐小菜時，
一鍋完成早餐，不妨嘗試看看。

Ready 2人份

必備食材
韓式冬粉（1把）、馬鈴薯（1個）、
洋蔥（⅓個）、櫛瓜（⅓個）、蔥
（10cm）、青陽辣椒（1根）

調味醬
辣椒粉（1）、糖（0.3）、蒜末
（0.5）、辣椒醬（2.5）

#01

將韓式冬粉泡水20分鐘。

#02

馬鈴薯、洋蔥和櫛瓜切成一口大
小；蔥、辣椒切片。

#03

水（4杯）中加入調味醬，以中火
熬煮。
+Cooking Tip
可減少一些辣椒醬，加入一點大
醬，湯頭更香濃。

#04

水滾後，先放入馬鈴薯煮至邊邊變
透明，再放入剩下的蔬菜，煮滾後
放入泡好的韓式冬粉，煮到冬粉變
透明即可。
+Cooking Tip
若不夠鹹可用鹽或湯用醬油調味。
在湯類料理中煮韓式冬粉，就算先
泡過水，冬粉還是會吸收水分，因
此湯會變少讓湯頭變鹹。所以若要
在湯中加入冬粉，水最好比一般鍋
類料理多加一點。

用家裡有的材料就能完成
泡菜麵疙瘩湯
김치수제비

麵疙瘩做法簡單，很適合用來清光家裡冰箱剩下的食材。
大家不妨像車珠媽一樣加入老泡菜，
麵疙瘩會更香辣好吃！光是聽到湯汁滾的聲音，
就忍不住要流口水了！

Ready 4人份

必備食材

馬鈴薯（1個）、洋蔥（⅓個）、
櫛瓜（¼個）、蔥（10cm）、青
陽辣椒（1根）、老泡菜（1杯）、
泡菜湯汁（1杯）

高湯材料

高湯用小魚乾（10隻）、昆布（1
片=10×10cm）

麵糰材料

水（⅔杯）＋麵粉（2杯）＋鹽
（0.2）＋油（3）
★鹽和油可幫麵糰調味，麵糰不易
散掉、更好吃。

#01

將麵糰材料揉成一團後，以塑膠袋
包覆醒麵。

#02

在水（5杯）中放入去除內臟的小
魚乾和昆布，以中火煮滾後，撈出
昆布，再煮10分鐘。
+Cooking Tip
也可以像節目一樣，放入乾香菇或
木耳，湯頭更香濃。

#03

馬鈴薯、洋蔥和櫛瓜切成一口大
小；蔥和青陽辣椒切片。

#04

老泡菜切成一口大小。

#05

高湯中放入馬鈴薯、老泡菜與泡菜
湯汁，煮至馬鈴薯邊邊變透明後，
用手直接捏出一個個麵疙瘩放入鍋
中。
+Cooking Tip
馬鈴薯熟成時間長，要先放進去
煮。煮麵疙瘩的過程中要攪拌一
下，才不會黏成一團。

#06

放入剩下的蔬菜，煮到麵疙瘩熟透
浮起來即可。
+Cooking Tip
如果是購買市售泡菜，鹹度可能不
太夠，不夠鹹可用鹽或湯用醬油調
味。

醬油雞蛋飯的好朋友
馬鈴薯蛋花湯
달걀감자국

車珠媽的好手藝真不是蓋的，
用昆布熬出清澈高湯，再放入大塊大塊的馬鈴薯，
鬆軟又好吃，跟醬油雞蛋飯更是絕佳拍檔，也很適合搭配辣味料理喔！

Ready 2人份

必備食材
馬鈴薯（1個）、洋蔥（⅓個）、
蔥（10cm）、昆布（1片=10×
10cm）、雞蛋（1個）

調味料
鹽（0.2）

#01

馬鈴薯、洋蔥切成一口大小；蔥切片。

#02

在水（3½杯）中放入馬鈴薯和昆布，以中火煮滾後，撈出昆布。
+Cooking Tip
昆布煮太久，湯汁會變濁，只要稍微泡一下或煮一下，讓好吃的成分溶於水中即可撈起。

#03

放入洋蔥，繼續煮到馬鈴薯熟透。

#04

用鹽（0.2）調味，打入蛋花、放入蔥花即可。
+Cooking Tip
雞蛋煮太久會變硬，打蛋花時可先熄火，用餘溫煮熟蛋花。

一家烤肉香萬家香

香辣魷魚烤肉

오삼불고기

用千里迢迢帶來島上的豬肉，煮出海陸合一的美味！
想煮出晚才島牌的香辣魷魚烤肉，
一定要遵照食材放入的順序、大火快炒才夠味喔。

Ready 2人份

必備食材
洋蔥（½個）、高麗菜（3片
=100g）、紫蘇葉（4片）、蔥
（10cm）、五花肉（250g）、魷
魚的身體部位（1隻份量）

調味醬
糖（2）＋辣椒粉（3）＋胡椒
粉（0.1）＋醬油（1.5）＋蒜末
（1.5）＋辣椒醬（2）＋梅汁（0.5）

調味料
香油（1）

#01

調製調味醬。
+Cooking Tip
醬料先調好備用，可讓辣椒粉先放
軟，味道更好。

#02

洋蔥、高麗菜與紫蘇葉切絲；蔥切
細。

#03

五花肉切成一口大小；魷魚去除內
臟、眼睛和嘴巴後，先切魷魚花，
再切成一口大小。
+Cooking Tip
可用切絲刀切魷魚花。

#04

中火熱鍋後，倒入油（2），放蔥
炒到香味出來後，放入五花肉。
+Cooking Tip
使用蔥油炒豬肉，可幫助去除腥
味。節目中為了提煉蔥油特別使用
了蔥綠，其實蔥白的香氣更濃。

#05

五花肉外表熟了後，轉大火，放入
魷魚與調味醬快炒30秒。

#06

放入洋蔥與高麗菜，炒到菜變軟後
熄火，加入香油（1）、放上紫蘇
葉就完成囉！

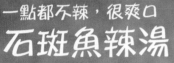

一點都不辣，很爽口

石斑魚辣湯

우럭매운탕

辣魚湯是韓國人愛吃的湯品之一，
雖然看起來簡單，但要煮出好味道其實有點難度，
不過別擔心，跟著這篇食譜的方式，
絕對能做出零失敗的豪華辣魚湯！

Ready 4人份

必備食材

洋蔥（½個）、紫蘇葉（3片）、白蘿蔔（1塊=150g）、茼蒿（½把）、蔥（15cm）、石斑魚（1尾）

選擇性食材

高麗菜（4片=100g）、馬鈴薯（1個）、紅辣椒（1根）

調味料

辣椒粉（2）、辣椒醬（1）、大醬（0.5）、蒜末（1.5）、薑末（0.5）、鹽（0.3）

#01

洋蔥、高麗菜與紫蘇葉切粗絲；白蘿蔔和馬鈴薯切成一口大小。

#02

茼蒿切5cm小段；辣椒和蔥斜切片狀。

#03

先將石斑魚去鱗，拿掉鰭、尾巴、膽，在身體部分劃幾刀。

+Cooking Tip

處理石斑魚時要將刀拿直，從尾巴部分往前刮除魚鱗。在魚身上劃好刀後不要再沖水，最好立刻煮才不會流失美味。新鮮石斑魚要摘掉有苦味的膽，其他內臟可以一起煮，讓湯頭更濃郁。

#04

鍋中倒入水（3杯），放入辣椒粉（2）、辣椒醬（1）與大醬（0.5）拌勻，然後放入馬鈴薯和白蘿蔔，以中火煮到邊邊變透明為止。

#05

放入石斑魚、洋蔥和高麗菜，煮約15分鐘。

#06

石斑魚熟後，加入蒜末（1.5）和生薑末（0.5），再用鹽（0.3）調味。

#07

最後放入紫蘇葉、辣椒、蔥和茼蒿即可。

真大海終於抓到了！

白灼章魚
문어숙회

真大海終於成功抓到「晚才島三大將」之一——章魚！
這可是期盼已久的食材，絕對不能隨隨便便。
車珠媽不負眾望，以高超料理手藝做出一頓章魚大餐，
快來看看是什麼豐盛美味吧！

Ready 6人份

必備食材
章魚（1隻=800g）、麵粉（3）、
粗鹽（1）、醋（2）、糖（1）

醋醬材料
醋（1.5）＋蒜末（0.5）＋辣椒醬
（3）＋香油（0.5）＋芝麻（0.2）

油醬材料
鹽（0.2）＋香油（2）

#01

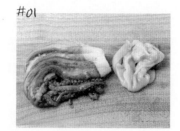

將章魚頭翻過來，以剪刀剪去內
臟，去除眼睛。

#02

將章魚放在碗中，加入麵粉（3）
搓揉後沖洗，再放入粗鹽（1）搓
洗一次。
+Cooking Tip
章魚要用麵粉搓洗，才能去除藏在
吸盤裡的雜質。要搓到麵粉變灰黑
色再沖水，然後再次用粗鹽搓洗，
去除滑膩感。

#03

調製醋醬和油醬。

#04

水煮滾後，放入章魚、醋（2）與
糖（1），以中火煮5分鐘。
+Cooking Tip
糖和醋能幫助肉質維持Q彈。

#05

將煮好的章魚放在冷水中沖洗後，
泡在冰水中。
+Cooking Tip
章魚煮好要馬上放入冰水，維持口
感Q彈。

#06

章魚切好裝盤，兩種調味沾醬也裝
盤一起擺上。

章魚的另一種美味吃法
和風章魚冷盤
문어초회

章魚大餐的第二道料理——清爽酸甜的章魚冷盤。
車珠媽為了做和風醬汁，熬了一大鍋高湯。
本書要教大家做法更方便、節省食材的方法。

Ready 2人份

必備食材
小黃瓜（½根）、洋蔥（¼個）、泡過的海帶（⅔杯）、汆燙過的章魚（300g）
★煮章魚的方法請參考P211。

高湯材料
昆布（1片=5×5cm）、柴魚片（½把）

和風醬材料
糖（1）＋醬油（2）＋醋（2）＋蒜末（0.2）

#01

昆布加水（⅔杯），以微波爐微波1分30秒後，撈出昆布，放入柴魚片。

+Cooking Tip
要做少量高湯時，用微波爐就能輕鬆搞定。如果要做大量的高湯，就要像節目一樣，在水中放入高湯用小魚乾、洋蔥、蔥段和香菇熬出湯頭後，加入柴魚片，蓋上鍋蓋悶5分鐘，最後過濾。柴魚片要在熄火後才放入，才不會有苦味。

#02

以濾網過濾高湯（½杯），放入和風醬材料混合。

#03

小黃瓜切成半月形；洋蔥切細絲；泡過的海帶切成一口大小。

#04

章魚切好後裝盤，擺上所有蔬菜，淋上和風醬即可。

來自海洋的寶貴蔬菜

酸辣海帶芽

미역초무침

讓晚才島的最後一個客人尹啟相口水直流的料理，
其實做法超簡單，只要將酸甜調味醬與海帶一起拌勻就完成了。
在沒有胃口的日子，有這道小菜和飯一起拌著吃，就會胃口大開唷！

Ready 2人份

必備食材

泡過的海帶（1把）、洋蔥（¼個）

★乾海帶在冷水中泡約20分鐘可以膨脹7倍，因此10g乾海帶泡水後約是1把份量。

調味醬

糖（1）＋辣椒粉（0.5）＋醋（1）＋蒜末（0.3）＋辣椒醬（1.5）＋芝麻（0.3）

#01

泡過的海帶在清水中洗淨。

#02

調製調味醬。
+Cooking Tip
隨著海帶含水量不同，調味醬濃度也要調整。

#03

海帶稍微瀝乾，切成一口大小；洋蔥切細絲再對半切
+Cooking Tip
如果想要濕潤一點的口感，海帶就稍微擰乾、保留一些水氣。

#04

將海帶、洋蔥與調味醬一起拌勻即可。

不輸中華料理餐廳
蒜味豆芽炒飯
숙주볶음밥

在等待嘉賓到來之前，先快速準備好一桌豐盛料理，
怎樣做都好吃的炒飯就是最佳選擇！
這次車嬸加入了豆芽，口感好清脆呢。

Ready 2人份

必備食材
豆芽（1把=120g）、蔥（15cm）、
蒜頭（4瓣）、飯（2碗）

選擇性食材
培根（3片）、海苔片（適量）
★培根能增添鹹香，也可根據個人
喜好加入不同食材。

調味料
辣椒油（1.5）、蠔油（0.7）、鹽
（0.1）

#01

豆芽洗淨、擇去軟掉的部分和尾端
的鬚。

#02

蔥斜切片；蒜頭切片；培根切小
塊。

#03

中火熱鍋，加入辣椒油（0.5），放
入蔥、蒜和培根炒到呈金黃色。

#04

轉大火，放入飯炒3分鐘後，加入
蠔油（0.7）和鹽（0.1）調味。

#05

放入豆芽再炒20秒，起鍋前灑上海
苔即可。

+Cooking Tip
豆芽和飯一起炒時一定要快炒，注
意不要讓豆芽變軟。像節目中炒得
有點久，這樣豆芽會出水，讓炒飯
變濕黏。

用晚才島當季盛產做料理

淡菜湯
홍합탕

真大海終於在結束第 2 季之前捕到了章魚，
做了一桌豐盛的章魚大餐。
而晚才島當地的盛產——淡菜，
其實也相當肥美好吃、不可錯過，還讓整桌菜更奢華豐盛了。

Ready 2人份

必備食材
蔥（15cm）、淡菜（400g）、昆布（1片=10×10cm）

調味料
鹽（少許）、蒜末（0.5）

#01

蔥斜切片狀。

#02

淡菜洗淨，去除殼邊邊的鬚鬚。

#03

鍋中放入淡菜與淹過淡菜的水，放入昆布以中火熬煮。

#04

水滾後撈出昆布，加鹽調味，煮到淡菜開口為止。

#05

撈出湯表面的浮沫，加入蒜末（0.5）與蔥，再次煮滾即可。

+Cooking Tip
節目中是把淡菜肉另外取下來煮，但連殼一起煮，湯頭會更爽口濃郁。

吃下去彷彿看到無敵海景

海鮮砂鍋

해물뚝배기

節目中在海鮮砂鍋加入了前一天吃剩的章魚，
是章魚的變化料理。將喜歡的海鮮和蔬菜一起放入砂鍋，
煮到湯汁咕嚕咕嚕的滾起來，一口吃下去，連胃和心都一起滿足的好滋味！

Ready 2人份

必備食材
洋蔥（½個）、櫛瓜（¼條）、蔥
（15cm）、紅辣椒（1根）、青辣
椒（1根）、魷魚（⅓杯）、淡菜
肉（½杯）

高湯材料
高湯用小魚乾（10隻）、昆布（1
片=5×5cm）

調味料
辣椒粉（1）、大醬（1）、蝦醬
（0.2）

#01

砂鍋中放水（3杯）與高湯材料，
煮滾後撈出昆布，再煮10分鐘。

#02

洋蔥與櫛瓜切成一口大小；蔥與辣
椒切片。

#03

撈出高湯材料，放入調味料，以中
火熬煮。

#04

湯滾後，放入蔬菜和魷魚與淡菜
肉，煮到蔬菜熟即可。
+Cooking Tip
除了晚才島的章魚和本食譜的魷
魚，也可根據個人喜好改成蝦仁、
蛤蜊等海鮮。

一口接一口的新奇組合
炸淡菜咖哩飯
홍합튀김카레라이스

晚才島牌咖哩飯，酥脆又富嚼勁的炸淡菜和咖哩飯擺在一起，
成了特色獨具的美食，讓大家把盤子裡的菜飯吃得光溜溜，
一滴也不剩。

Ready 2人份

必備食材

馬鈴薯（1個）、洋蔥（½個）、
紅蘿蔔（¼根）、淡菜（16個）、
麵粉（½杯）、雞蛋（1個）、麵
包粉（1杯）、飯（2碗）

調味料

咖哩粉（⅔杯）、胡椒粉（少許）

#01

馬鈴薯、洋蔥與紅蘿蔔切成一口大
小。

#02

鍋中放入洗淨的淡菜與滾水（4
杯），煮到淡菜開口後放涼，取出
肉，去除鬚鬚。

#03

中火熱油（2）鍋，放入馬鈴薯和
紅蘿蔔，炒到馬鈴薯邊邊變透明
時，放入洋蔥。

#04

加水（2½杯）煮到馬鈴薯和紅蘿
蔔變軟，加入咖哩粉攪拌均勻，煮
至濃稠。

#05

淡菜先以胡椒粉調味後，依序裹上
麵粉→蛋液→麵包粉，

+Cooking Tip

蛋液中需加鹽（0.1）混合。晚才島
的天然淡菜個頭很大，但市售淡菜
較小，如果淡菜太小，也可2～3個
放在一起裹上麵衣油炸。

#06

以170℃的油（3杯），將淡菜炸到
呈金黃色。

+Cooking Tip

將木筷放入油中約3～4秒，筷子周
邊會起小泡泡即是適當溫度。淡菜
裹上炸衣後要稍微放一下再炸，才
能外酥內軟，且麵衣不會焦掉。

#07

將飯裝盤，淋上咖哩醬，擺上炸淡
菜即可。

最後一餐就要豪邁豪華的大吃
海鮮 buffet
해산물뷔페

《一日三餐》在晚才島的三餐故事，終於要畫上句點。
眾人決定要豪邁又豪華的結束，把海裡釣到的食材全部大集合，
辦場海鮮 buffet，這樣的 ending 再適合也不過了！
雖然聽起來好像是不可能的任務，沒想到卻大成功！
一起來享用這頓滿懷心意的家庭式 buffet 吧！

海鮮buffet 1
淡菜蘿蔔湯

Ready 2人份

必備食材
白蘿蔔（1塊=150g）、蔥（15cm）、
青陽辣椒（1根）、淡菜肉（1杯）

選擇性食材
乾蝦仁（½杯）、昆布（1片
=5×5cm）

調味料
魚露（0.7）

#01

白蘿蔔切成一口大小，蔥與辣椒切
片。

#02

鍋中加入水（3½杯），放白蘿
蔔、乾蝦仁與昆布以中火煮滾後，
撈出昆布再煮10分鐘。

+Cooking Tip

在爽口的白蘿蔔湯中加入淡菜，需
要加點魚露調味，讓味道更豐富。
節目中是一次將所有食材丟下去
煮，但這樣淡菜肉容易太硬。最好
先將其他食材的味道熬出來、白蘿
蔔幾乎熟透時，再加入淡菜。

#03

放入淡菜肉和魚露（0.7），煮到白
蘿蔔變透明為止。

#04

放入蔥花和青陽辣椒，再次煮滾即
可。

海鮮buffet 2
炸魚排

Ready 2人份

必備食材
新鮮白肉魚（2塊=180g）、雞蛋
（1個）、麵粉（⅔杯）、麵包粉
（1杯）

醃料
鹽（少許）、胡椒粉（少許）

塔塔醬 材料
雞蛋（1個）、酸黃瓜末（2）、洋
蔥末（1）、檸檬汁（0.7）、美奶
滋（5）、蜂蜜芥末醬（0.5）、胡
椒粉（少許）

#01

在處理好的魚肉上灑鹽、胡椒粉略
醃。

#02

鍋中放入做塔塔醬用的雞蛋（1
個），加水淹過雞蛋，以中火煮15
分鐘後撈出，放入冷水中剝殼。

#03

將雞蛋黃與蛋白分開，蛋白切細末，
蛋黃弄碎，與剩下的塔塔醬材料混
合。
+Cooking Tip
單吃炸魚排有點不夠味，塔塔醬和
魚肉很搭，能讓口味多點變化。可
用水果醋取代檸檬汁；也可省略蜂
蜜芥末醬，或直接用黃芥末醬代
替。

#04

雞蛋打成蛋液，將醃好的魚依序裹
上麵粉→蛋液→麵包粉。
+Cooking Tip
裹上麵包粉後稍微放一下再炸，才
能外酥內軟，且外皮不會焦掉。

#05

以170℃的油（3杯）將裹好麵衣的
魚炸至兩面呈金黃色。
+Cooking Tip
將木筷子放入油中約3～4秒後，筷
子周邊會起小泡泡即是適當溫度。

海鮮buffet 3
什錦雜菜

Ready 2人份

必備食材
乾木耳（½杯）、切好的韓式冬粉
（1½把）、菠菜（1把）

選擇性食材
紅蘿蔔（¼根）、洋蔥（⅓個）

調味料
鹽（0.1）、醬油（3）、蒜末（0.5）、
香油（1）、芝麻（0.3）

#01

乾木耳放在冷水中泡軟。
+Cooking Tip
如果想縮短浸泡時間，可像節目中
一樣用熱水。

#02

韓式冬粉汆燙後撈出瀝乾，備用。

#03

菠菜洗淨後去除根部，放入滾水中
加鹽（0.1），汆燙10～15秒，撈
出後在冷水中沖洗一下，瀝乾。

#04

菠菜切成2～3等份；紅蘿蔔和洋蔥
切絲；木耳切成一口大小。

#05

中火熱鍋後加入油（2），放入
洋蔥和紅蘿蔔炒40秒後，加入
剩下的材料，以及醬油（3）、
蒜末（0.5）、香油（1）和芝麻
（0.3），稍微炒一下即可。
+Cooking Tip
因為加入的食材比節目中多，即使
不加肉也很美味。木耳多放一點可
增添口感。

海鮮buffet 4
淡菜煎餅

Ready 2人份

必備食材

青陽辣椒（1根）、煎餅粉（1½杯）、淡菜肉（2杯）

★淡菜洗淨後，在滾水中煮到開口，拔出肉，去除鬚鬚。

選擇性食材

紅辣椒（1根）

調味醬

辣椒粉（0.3）＋醬油（3）＋蔥花（1）＋香油（0.5）＋芝麻（0.2）

#01

辣椒斜切片狀。

#02

煎餅粉加水（1）攪拌。

+Cooking Tip

市售煎餅粉已經有調味，不需再調味。節目中是用麵粉，就必須加點鹽。

#03

放入辣椒與淡菜肉輕輕攪拌。

#04

將調味醬材料充分混合。

#05

中火熱鍋後，倒入足夠的油，將麵糊放入煎到雙面金黃後起鍋，和調味醬一起擺盤。

Life 系列 035

一日三餐 2 ——瑞精靈＆車珠媽的超好吃料理，美味更升級！

作　　　者 — 2 千元幸福餐桌、tvN《一日三餐》製作團隊
譯　　　者 — 張鈺琦
主　　　編 — 陳信宏
責 任 編 輯 — 尹蘊雯
責 任 企 畫 — 曾俊凱
美 術 設 計 — FE 設計 葉馥儀
羅暎錫照片（P4）授權 — 蘑菇

總 編 輯 — 李采洪
董 事 長 — 趙政岷
出 版 者 — 時報文化出版企業股份有限公司
　　　　　　108019　臺北市和平西路 3 段 240 號 3 樓
　　　　　　發 行 專 線 —（02）23066842
　　　　　　讀者服務專線 —（0800）231705・（02）23047103
　　　　　　讀者服務傳真 —（02）23046858
　　　　　　郵撥 — 19344724　時報文化出版公司
　　　　　　信箱 — 10899 臺北華江橋郵局第 99 信箱
時 報 悅 讀 網 — http://www.readingtimes.com.tw
電子郵件信箱 — newlife@readingtimes.com.tw
時報出版愛讀者粉絲團 — http://www.facebook.com/readingtimes.2
法 律 顧 問 — 理律法律事務所 陳長文律師、李念祖律師
印　　　刷 — 金漾印刷有限公司
初 版 一 刷 — 2017 年 2 月 17 日
初 版 四 刷 — 2021 年 7 月 9 日
定　　　價 — 新臺幣 399 元

一日三餐 2 ——瑞精靈＆車珠媽的超好吃料理，美味更升
級！／ 2 千元幸福餐桌, tvN《一日三餐》製作團隊著；張鈺
琦譯 – 初版．– 臺北市：時報文化, 2017.2
面；　公分 . –(Life；035)

ISBN 978-957-13-6895-5(平裝)

1. 食譜 2. 韓國

427.132　　　　　　　　　　　　　106000500

Original Title : 완벽한 레시피로 다시 만나는 삼시세끼 by 이밥
차 2, 이밥차 요리 , tvN 삼시세끼 제작팀 공동 제작
Tentative Title: Three Meals a Day Recipe 2 By 2BabCha
Cooking Research Center, tvN Three Meals a Day Production
Copyright © 2016 by andbooks
All rights reserved.
Chinese complex translation copyright © China Times
Publishing Company, 2017
Published by arrangement with Andbooks
through LEE's Literary Agency

ISBN 978-957-13-6895-5
Printed in Taiwan